Heide Hildebrandt

Größen aktiv entdecken: Geld

Größenvorstellungen entwickeln – mit Maßeinheiten rechnen

PERSEN

Gedruckt auf umweltbewusst gefertigtem, chlorfrei gebleichtem und alterungsbeständigem Papier.
Nach den seit 2006 amtlich gültigen Regelungen der Rechtschreibung

1. Auflage 2011

3. Auflage 2014

Illustrationen: Gabriele Timm (Piktogramme „Lösungen“, „Partnerarbeit“ Martina Knapp)
Satz: Satzpunkt Ursula Ewert GmbH, Bayreuth

ISBN 978-3-403-23085-4

www.persen.de

Inhaltsverzeichnis

Inhaltsverzeichnis

Vorwort

Die Unterrichtseinheit „Größen aktiv entdecken: Geld“ wurde für Schüler und Schülerinnen[1] mit Förderbedarf im Bereich Lernen entwickelt. Sie kann in den Klassen 3 bis 7 eingesetzt werden, je nachdem, welche Vorkenntnisse die SuS über die Größe Geld mitbringen und welche Lernziele sie diesbezüglich haben. Die Arbeit mit diesem Band soll es den SuS ermöglichen, eine Vorstellung von der Größe Geld zu entwickeln sowie den Umgang mit Geld zu lernen und zu festigen. Geldwerte sollen in einem lebensbedeutsamen Zusammenhang geschätzt, gemessen und sinnvoll eingeordnet werden (z. B. durch Stützvorstellungen und Begriffe wie „zu teuer, teuer, billig, günstig, genau richtig, weniger, mehr, …“).
Die Unterrichtseinheit kann ebenso in der Grundschule wie auch in der Sprachheilschule eingesetzt werden. Insbesondere das sprachliche Handeln wird durch die aktive Auseinandersetzung mit Geld und Geldwerten gefordert und gefördert.

Das vorliegende Material ermöglicht es, die Größe Geld sowohl als kompakte Einheit zu erarbeiten als auch die Arbeitsaufträge und Arbeitsblätter themen- bzw. lernzielspezifisch einzusetzen. Um die Anwendung zu erleichtern, werden neben einem übergeordneten Lernziel der gesamten Unterrichtseinheit mehrere Teillernziele formuliert. Eine Zuordnung der Teillernziele zu den Arbeitsblättern ist mithilfe einer Tabelle möglich (siehe S. 11/12: Lernziele der Unterrichtseinheit „Größen aktiv entdecken: Geld“).

Der Aspekt des aktiv-entdeckenden Lernens und produktiven Übens ist in diesem Band besonders berücksichtigt. Demzufolge wird individuelles Arbeiten, welches Differenzierung, Kommunikation und Argumentation, die Verwendung von Fachsprache und die Möglichkeit zur Gestaltung individueller Lernziele und Lernpläne beinhaltet, ermöglicht. Mithilfe der Teillernziele können Checklisten für die SuS erstellt werden, sodass selbstständiges Arbeiten und ein Einschätzen der eigenen Leistungen möglich sind. Das Lernen miteinander und voneinander ist bei der aktiven Auseinandersetzung mit dem Lerngegenstand von Bedeutung. Durch die sprachliche Gestaltung der Arbeitsanweisungen wird die Förderung der Lese- und Sprachkompetenz berücksichtigt.

1 „Schüler und Schülerinnen“ wird im Folgenden mit SuS abgekürzt.

Zum mathematischen Konzept

Diese Unterrichtseinheit wurde im Sinne des aktiv-entdeckenden Lernens entwickelt. Gemäß Wittmann[2] wird davon ausgegangen, dass es für alle SuS notwendig ist, Inhalte über eigenes Handeln in einem für sie bedeutungsvollen Lebenszusammenhang zu lernen. Indem SuS von sich aus, in einem von der Lehrkraft gut organisierten Rahmen, lernen, sich ausprobieren und entdeckend mit der Größe Geld agieren, begreifen sie deren Bedeutung und gehen verständnisorientierter mit den Größen und Rechenoperationen um. Dabei werden sie herausgefordert, Sachverhalte zu hinterfragen und Unklarheiten zu erkennen und zu beseitigen. Durch das Lernen in einem sozialen Kontext werden mathematische Lernziele, die Anwendung mathematischer Fachsprache und das selbstständige Lernen an sich gleichermaßen gefördert und gefordert. Die Lehrkraft kann zunehmend beratend zur Seite stehen, die SuS in ihrem Lernen beobachten und individuelle Förderung anbieten.
Die Vorteile des aktiv-entdeckenden Lernens für Kinder mit Förderbedarf im Bereich Lernen liegen speziell in folgenden Bereichen:

- Das Lernen in größeren und ganzheitlichen Zusammenhängen dient als Orientierungsgrundlage für SuS. Ihnen wird z. B. deutlich, warum sie sich mit der Größe Geld auseinandersetzen und welche mathematischen Beziehungen die Geldeinheiten Euro und Cent zueinander haben.
- Durch das aktive Handeln haben die SuS die Möglichkeit zu zeigen, was sie können. Dadurch werden Motivation und Selbstwertgefühl aufgebaut.
- Der Unterricht kann individualisiert durchgeführt werden. Differenzierung ist dabei selbstverständlich und ergibt sich aus dem natürlichen Kontext.
- Die SuS bekommen durch gemeinsames Entdecken die Möglichkeit, miteinander und voneinander zu lernen. Das sprachliche Handeln ist dabei bedeutungsvoll.
- Fehler sind selbstverständlich für den Lernprozess und dürfen/müssen gemacht werden.
- Es gibt verschiedene Lösungswege.

> *„... als ob der entdeckende Unterricht nur auf dem Niveau anspruchsvoller Problemlöseaktivitäten stattfinden könnte und auf einen ständigen Fluss kreativer Ideen der Schüler angewiesen sei. Dies ist aber ein gründliches Missverständnis, dem die Verfechter des endeckenden Lernens vielleicht nicht entschieden genug entgegengetreten sind. Die Autoren [...] verstehen ‚aktiv-entdeckend' im Sinne Kühnels schlicht und einfach als aktive Erarbeitung und Aneignung von Wissen im Gegensatz zu einer passiven Aufnahme."*
>
> (Wittmann, Erich Ch./Müller, Gerhard N.: Handbuch produktiver Rechenübungen. Band 1. Vom Einspluseins zum Einmaleins, Berlin 2005 [2. Auflage], S. 165)

Methodisch-didaktische Überlegungen

Bei der Wahl einer geeigneten Arbeitsform für die SuS sollten die folgenden grundlegenden Aufgaben von Mathematikunterricht immer berücksichtigt werden:

1. Erweiterung des Wissens
2. Erweiterung sozialer Kompetenzen
3. Erweiterung von Handlungskompetenz (SuS lernen, ihren Lernprozess individuell zu organisieren und zu gestalten)

---

2 Lit: Wittmann, E. Ch.: Wider die Flut der „bunten Hunde" und der „grauen Päckchen": Die Konzeption des aktiv-entdeckenden Lernens und des produktiven Übens, in: Wittmann, Erich Ch./Müller, Gerhard N.: Handbuch produktiver Rechenübungen. Band 1. Leipzig 1994, S. 157–170.

Einführung

Geöffnete Arbeitsformen wie Freiarbeit, Stationenlernen, Lernbüro oder Wochenplan erscheinen dafür besonders geeignet. Die SuS bekommen die Gelegenheit, innerhalb eines vorgegebenen Rahmens, der ihr Lernen strukturiert und Ordnung bietet, individuell im sozialen Zusammenhang zu lernen. Wichtig ist, dass die SuS die Gelegenheit haben, sowohl alleine als auch zu zweit oder in der Gruppe zu arbeiten. Durch das gemeinsame Arbeiten erwerben sie soziale Kompetenzen und erweitern durch das sprachliche Handeln ihre mathematische und sprachliche Kompetenz. Das Erklären von Aufgaben und Anweisungen oder das Beschreiben von Vorgehensweisen sollte von der Lehrkraft immer wieder gefordert werden. Diese Darlegung ermöglicht den SuS einen hohen Lernzuwachs und der Lehrkraft, den Lern- und Leistungsstand der einzelnen SuS besser zu erkennen und die Lernziele (bestmöglich gemeinsam mit den SuS) zu ermitteln und festzulegen.

Bei dem vorliegenden Band werden unterschiedliche Lernvoraussetzungen wie folgt differenziert berücksichtigt:

- offen gestellte Arbeitsanweisungen
- Möglichkeit von Zusatzarbeitsblättern bzw. Zusatzaufgaben (z. B.: Denke dir selbst Rechengeschichten aus / Einsatz von einem oder mehreren Arbeitsblättern zu einem Thema)
- Arbeitsblätter und Merkblätter mit verschieden hohen Schwierigkeitsstufen
- Schätzungen sind nie falsch.
- Durch die Arbeit mit einer Partnerin oder einem Partner oder in der Gruppe können sich die SuS gegenseitig helfen und mathematische Inhalte erklären.

Ausgehend von dem Können und den Vorerfahrungen der SuS sollte vordergründig ein mathematisches Verständnis entwickelt werden können. Die Entwicklung mathematischer Fertigkeiten wird berücksichtigt, steht aber immer im Zusammenhang mit der Entwicklung einer mathematischen Grundvorstellung[3]. Die drei Darstellungsebenen nach Bruner (enaktiv – ikonisch – symbolisch) sind dabei grundlegend.

In Anlehnung an Piagets Theorie versteht Bruner die Denkentwicklung als drei unterschiedliche Darstellungsebenen, die in starker Wechselwirkung zueinander stehen:

- *die enaktive Darstellung:* Erfassung von Sachverhalten durch eigene Handlungen (mit konkretem Material)
- *die ikonische Darstellung:* Erfassung von Sachverhalten durch Bilder (auch innere Bilder) oder Grafiken
- *die symbolische Darstellung:* Erfassung von Sachverhalten durch verbale Mitteilung oder im Zeichensystem (zum Beispiel im mathematischen)

Nach Bruner spielt die Sprache für die Darstellungsebenen eine besondere Rolle. Sie ist entscheidend an der Denkentwicklung beteiligt und dient der Koordination zwischen den drei Darstellungsebenen.

Das Schätzen, Runden und überschlagende Rechnen spielt in diesem Band eine wichtige Rolle. Indem die SuS Geldbeträge schätzen, einen ungefähren Endbetrag ausrechnen und ihr Ergebnis durch genaues Ausrechnen überprüfen sollen, bekommen sie ein Gefühl für Geldwerte und festigen bzw. sichern ihren alltäglichen Umgang mit Geld. Die für das ungefähre Benennen von Geldbeträgen notwendige Rundungstechnik ist implizierter Bestandteil der Unterrichtseinheit und muss nicht extra mit den SuS erarbeitet werden.

Besondere Relevanz hat in diesem Band ebenso das individuelle Bearbeiten der Arbeitsaufträge. Durch eher offen gestellte Aufgaben können die SuS diese ihren Kompetenzen entsprechend bearbeiten. So kann ein Schüler oder eine Schülerin zum Beispiel die Bildimpulse der Rechengeschichten nutzen, um im 20er-Zahlenraum Additionsaufgaben zu finden, ein anderer Schüler oder eine andere Schülerin hingegen nutzt den Impuls, um im 100er-Zahlenraum Aufgaben zu finden, sich Malaufgaben auszudenken

---

3 Nach vom Hofe beschreiben Grundvorstellungen die Beziehung zwischen mathematischen Inhalten und der individuellen Begriffsbildung (Literatur: vom Hofe, Rudolf: Grundvorstellungen – Basis für inhaltliches Denken, in: Mathematik lehren, Heft 78 (1996), S. 4–8).

oder neben Additions- auch Subtraktionsaufgaben zu rechnen. Ein weiterer Bildimpuls bzw. Arbeitsauftrag kann so bearbeitet werden, dass die SuS mit oder ohne Kommaschreibweise rechnen (beides wird angeboten, beides kann, muss aber nicht, genutzt werden). Die Arbeitsaufträge „Rechnen bis 20, 100, 1000" sind alle nach den gleichen Prinzipien gestellt und können im Sinne der Differenzierung eingesetzt werden: je nachdem, in welchem Zahlenraum die SuS gefördert und gefordert werden sollen bzw. je nachdem, welche Lernziele die SuS haben. Die SuS haben durch viele identische Aufgabenformate dieser Unterrichtseinheit eher die Möglichkeit, selbstständig Aufgaben zu bearbeiten.

Durchführungshinweise

Die SuS sollen die Möglichkeit haben, sich ihrer Kenntnisse in Bezug auf die Größe Geld bewusst zu werden, Fähigkeiten und Fertigkeiten dazu zu festigen sowie diese zu erweitern. Durch die Bearbeitung von Rechengeschichten (entweder nur mit Euro-Geldbeträgen oder gemischten Geldbeträgen) haben die SuS zum Beispiel Gelegenheit, ihr Wissen zu äußern (verbal, symbolisch, nonverbal z. B. durch Zeigen) und gleichzeitig dieses durch ein Brainstorming mit der ganzen Lerngruppe oder durch das Erfinden eigener Rechengeschichten in Partnerarbeit zu erweitern. Ebenso wird das Wortfeld Geld sowie das entsprechende Wortfeld des Bilds (z. B. Einkaufen) mit den SuS bearbeitet. Die Lehrkraft erhält einen Überblick über den Lernstand der einzelnen SuS zu diesem Lernfeld und kann individuelle Aufgabenformate daraus entwickeln und anbieten.
Offen gestellte Aufgaben bzw. geöffnete Aufgabenformate bieten den SuS bei der Erarbeitung der Größe Geld grundsätzlich die Möglichkeit, nach eigenem Können ihr Wissen anzuwenden und dieses zu erweitern. Dabei dürfen die SuS unterschiedliche Rechenwege gehen, in Zahlenräumen arbeiten, die ihrem Lernstand entsprechen sowie verschiedene Schreibweisen für einen Geldbetrag verwenden. Auch durch die Berücksichtigung der enaktiven, ikonischen und symbolischen Ebene können sich die SuS entsprechend ihrer individuellen Fähigkeiten auf verschiedene Arten und Weisen mit der Größe Geld auseinandersetzen.
Folgende Anschauungsmöglichkeiten/Veranschaulichungen können bzw. sollten während der Erarbeitung verwendet werden:

- Geld
- Geldstempel
- Abaco oder Rechenmaschine (20 bzw. 100)
- 100er-Feld
- 1000er-Buch
- Zahlenstrahl

Während der Erarbeitung der Größe Geld sollte unbedingt darauf geachtet werden, dass die SuS lernen, ihre Gedanken in schriftlicher oder grafischer Form festzuhalten. Das bedeutet, dass Nebenrechnungen erstellt und Skizzen angefertigt werden sollten. Die Lehrkraft bekommt dadurch u. a. die Gelegenheit, die inneren Vorstellungsbilder der SuS nachzuvollziehen. Für die SuS hat das Festhalten von Ideen u. a. den Zweck, individuelle Zugänge zu zeigen, diese zu versprachlichen, sich mit anderen darüber auszutauschen und Problemlösestrategien zu entwickeln.

Neben der Verwendung der Arbeitsblätter ist die freie Arbeit mit Rechenstempeln und Rechengeld sehr sinnvoll. So können Geldbeträge gelegt/gestempelt und zum Beispiel miteinander verglichen werden. Auch Rechenaufgaben können gelegt/gestempelt werden. Die Aufgaben können entweder von der Lehrkraft vorgegeben oder von den SuS selbst entwickelt werden. Eine Aufgabe könnte zum Beispiel lauten: „Lege/Stempel Aufgaben, deren Summe 150 Euro ist." Die SuS können Additionsaufgaben finden, aber auch Subtraktions-, Multiplikations- oder Divisionsaufgaben sind möglich. Die Herausforderung, sich bei der Bearbeitung oder bei der Präsentation der Aufgaben sprachlich zu äußern, ist dabei sehr hoch.

Einführung

Die SuS lernen die unterschiedlichen Münzen und Scheine kennen, können diese benennen, miteinander vergleichen und lernen, dass die Anzahl der Geldscheine und -münzen nichts über den Geldwert aussagt. Der natürliche Umgang mit der Kommaschreibweise wird durch die Einheit Geld erlernt, ohne dass dabei unbedingt der mathematische Hintergrund erarbeitet wird (dies sollte natürlich im Laufe der Schulzeit mit den SuS thematisiert werden, spielt aber zunächst keine Rolle, da der alltägliche Umgang mit Geld, der die Kommaschreibweise vorgibt, vordergründig ist).
Das Thema Geld ermöglicht zudem eine Zahlenraumerweiterung: Durch das Umrechnen von Cent und Euro ist die Erweiterung bis 100 automatisch gegeben (100 Cent = 1 Euro). Auch das Rechnen bis 1000 kann den SuS gut gelingen. Sie haben in ihrem Alltag kontinuierlich Erfahrungen mit Geld und möchten sich zum Beispiel elektronische Artikel kaufen, die mehr als 100 Euro kosten. So ergibt sich automatisch die intrinsische Motivation, höhere Geldbeträge auszurechnen (genau diese Motivation kann und sollte man als Lehrkraft nutzen, um höhere Zahlenräume anzubahnen). Beim Rechnen mit der Größe Geld können die SuS zudem arithmetische Grundfertigkeiten und -fähigkeiten erlernen, festigen und vertiefen.

Während der Unterrichtseinheit können „einfache Brüche" bei der Angabe und Umrechnung von Gewichtsmaßen behandelt werden.
Beispiele:

- ein halber ($\frac{1}{2}$) € = 50 ct
- ein viertel ($\frac{1}{4}$) € = 25 ct

Beispiel zur Durchführung einer Unterrichtsstunde
Eine Unterrichtsstunde kann in drei Phasen eingeteilt werden: Einstieg, Erarbeitungsphase und Abschlussphase. Alle drei Phasen werden im Folgenden näher erläutert und beispielhaft beschrieben.

Einstieg
Der Einstieg in das Stundenthema, in der entweder ein neuer Aspekt eingeführt oder ein bereits erlernter vertieft wird, kann frontal durch einen Impuls mit anschließendem Austausch stattfinden. Durch den Impuls können die SuS eigene Ideen einbringen, eigene Denkwege gehen, Erkenntnisse mitteilen, ihr vorhandenes Wissen vorstellen, Fragen stellen und individuelle Aufgaben formulieren. Ein besonderer Vorteil ist, dass die SuS durch den Impuls (mit hohem Aufforderungscharakter) und die entsprechende sprachförderliche Gestaltung des Unterrichts nach ihrem individuellen Können sprachlich aktiv werden (Verwendung eines bestimmten Wortfeldes, Verwendung von Fachsprache, etc.).
Als Einstiegsphase bieten sich zum Thema Geld grundsätzlich Alltagssituationen an, die von der Lehrkraft oder den SuS vorgestellt und erkundet werden können.

Beispielsituation:
Das Bild des Stadtfests (S. 70) wird den SuS, vergrößert durch Overhead, Whiteboard oder Beamer, präsentiert. Das Thema Stadtfest, Schützenfest, Dom oder Ähnliches ist allen SuS bekannt und hat hohen Aufforderungscharakter. Ohne einen weiteren verbalen Impuls der Lehrkraft nennen die SuS Ideen, unterhalten sich über das, was sie sehen, verwenden Begriffe aus dem entsprechenden Wortfeld und bringen ihre Erfahrungen ein. Die SuS haben hier die Möglichkeit, erst einmal ohne den mathematischen Bezug Geld, ihre Ideen und Vorstellungen zu verbalisieren. Der mathematische Bezug zum Thema Geld kommt sicherlich von den SuS alleine, kann jedoch auch durch einen weiteren Impuls der Lehrkraft (nonverbal: zeigen auf ein oder mehrere Preisschilder, verbal: „1 Würstchen kostet 2,23 €. Das ist aber teuer!") angeregt werden. Wichtig ist, dass die Lehrkraft möglichst alle mathematischen Ideen visualisiert/verschriftlicht. Im sprachförderlichen Unterricht kann es zudem wichtig sein, das Wortfeld Stadtfest zu verschriftlichen.
Um den Übergang zu der Erarbeitungsphase zu erreichen, deckt die Lehrkraft nach einiger Zeit des Austauschs und Ideensammelns die folgenden Fragen und Arbeitsaufträge auf:

1. Was kann man auf dem Stadtfest machen? Was kostet das jeweils?
2. Findet Rechenaufgaben zu dem Bild.

Die SuS strukturieren nun passend zur Frage ihre Ideen. Sie nennen Preise (mit und ohne Komma) und nennen Rechnungen, die zum einen verschriftlicht werden und zum anderen mit oder ohne Zusatzmaterial, wie z. B. 100er-Feld, Abaco, Rechenmaschine, Zahlenstrahl oder Rechenstrich, gerechnet werden.
Die Lehrkraft hat die Aufgabe, das Gesagte zu verschriftlichen, sicherzustellen, dass alle den Arbeitsauftrag verstanden haben, ggf. zu intervenieren, Gedanken aufzugreifen und zu erweitern und eventuell auch Ideen selbst einzubringen (z. B.: „Wie viel Geld bekommst du zurück, wenn du mit einem 10 €-Schein bezahlst?").
Vor Beginn der Erarbeitungsphase nennt die Lehrkraft je nach Klassensituation und methodischem Vorgehen die weiteren Arbeitsaufträge, die in dieser und den nächsten Stunden bearbeitet werden: das Schreiben von Rechengeschichten, die Bearbeitung der Tabellen „Auf dem Stadtfest" mit der Berechnung des Wechselgeldes, das Finden eigener Wechselgeldberechnungen sowie eventuell Arbeitsaufträge zur Erarbeitung, Festigung und Vertiefung von arithmetischen Fähigkeiten und Fertigkeiten in Verbindung mit Geld.

Erarbeitungsphase
In der Erarbeitungsphase können die SuS Erkundungen zum mathematischen Sachverhalt vornehmen. Ebenso können sie ihr Wissen durch diverse Übungen oder Problemstellungen erproben und vertiefen. Das individuelle Bearbeiten von Aufgaben (je nach Kompetenz der SuS) sowie das kooperative Lernen stehen im Vordergrund dieser Phase. Die SuS sollen sich über mathematische Aspekte sprachlich austauschen und ihre Fähigkeiten und Fertigkeiten in einem sinnvollen Kontext festigen und erweitern. Die Lehrkraft hat in dieser Phase die Aufgabe, zu beobachten, das individuelle Können der SuS zu ermitteln, die SuS zu unterstützen, das Lernarrangement zu überprüfen, zu intervenieren und auch Fehler zu besprechen.

Beispielsituationen:
1. Situation
Wählt man den Weg, in dieser Stunde ausschließlich die Fragen „Was kann man auf dem Stadtfest machen? Was kostet das jeweils?" sowie den Arbeitsauftrag „Findet Rechenaufgaben zu dem Bild." in Partnerarbeit bearbeiten zu lassen, liegt der Fokus darauf, dass die SuS die Geldbeträge richtig nennen, unterschiedliche Schreibweisen kennen- und verschriftlichen lernen sowie eventuell Begriffe wie „teuer, das kostet mehr, das kostet weniger, billig, günstig" anwenden. Zudem sollen die SuS Rechenaufgaben nach ihrem Können finden, verschriftlichen und im Team besprechen. Durch die Partnerarbeit lernen die SuS voneinander, erweitern ihr Wissen, profitieren von den Ideen des anderen und können ihre Rechnungen gegenseitig überprüfen. Die Lehrkraft kann, je nach Fähigkeiten und Fertigkeiten, die SuS dazu animieren, verschiedene Rechenaufgaben zu finden, Fragen zu stellen, Impulse zu setzen, Fachbegriffe zu verwenden und in den Dialog zu treten. Individuelle Hilfen werden von der Lehrkraft gegeben und Anschauungsmaterial des entsprechenden Zahlenraums ggf. eingesetzt.
2. Situation
Wählt man den Weg, in dieser Stunde den Einstieg in ein Stationenlernen zu ermöglichen, kann es sein, dass die SuS (je nach Zielsetzung der Lehrkraft) mit den Fragen „Was kann man auf dem Stadtfest machen? Was kostet das jeweils?" sowie dem Arbeitsauftrag „Findet Rechenaufgaben zu dem Bild." beginnen, der Fokus aber nicht unbedingt nur darauf liegen muss. Je nach Kompetenzen und Bedürfnissen der SuS, können diese auch andere Aufgaben bearbeiten (zu zweit, ggf. in der Gruppe oder alleine). Die Lehrkraft hat auch dabei die Aufgabe, zu beobachten, zu beraten, zu unterstützen und Impulse zu setzen, stellt sich aber flexibler auf die jeweilige Lernsituation ein und achtet darauf, dass alle am Lerngegenstand arbeiten.

In beiden Situationen können die SuS ihre Ideen auch in ein frei angefertigtes Klassenbuch „Rund ums Geld" eintragen oder Rechenwege dort verschriftlichen.

Abschlussphase

In der Abschlussphase können die SuS ihre Arbeitsergebnisse vorstellen, besprechen und mögliche Lösungswege voneinander lernen. Dabei ist es wichtig, Fehler zu thematisieren und als normal für jeden Lernprozess herauszustellen. Zwei *Beispielsituationen* werden vorgestellt, die sich beide auf die eben beschriebene Erarbeitungsphase beziehen:

1. Situation

Im Abschlussgespräch stellen die SuS ihre Ideen und Rechnungen vor. Der Fokus liegt neben der verwendeten Fachsprache und den Rechenideen auf der Versprachlichung an sich. Das bedeutet, dass die Lehrkraft je nach sprachlichen Lernzielen die Konstruktion von Hauptsätzen fördern und fordern kann (wie dies genau geschehen kann, wird hier aufgrund des mathematischen Schwerpunktes nicht näher erläutert). Wichtig ist aber insbesondere, dass die SuS miteinander in Kommunikation treten, präsentieren und bewusst zuhören (hier könnte ein Hörauftrag von Bedeutung sein). Die SuS haben in dieser Phase zudem die Gelegenheit, aufgetretene Probleme von sich aus zu thematisieren, Hilfestellung zu geben und Lösungen zu entwickeln. Die Lehrkraft gibt Hilfestellung und visualisiert/verschriftlicht ggf. Ideen, Schätzungen (auch Schätzungen oder ungefähre Angaben können von den SuS benannt werden), Rechnungen, Maßeinheiten und Merksätze.

2. Situation

Die 1. Idee könnte übernommen werden, ohne dass der Fokus dabei auf der einen Aufgabenstellung liegt. Um diese Situation nicht frontal zu gestalten, kann die Lehrkraft Teams bilden lassen, die sich gegenseitig von ihren Erkenntnissen, Erarbeitungen und Rechenwegen berichten. Regeln und Strukturen einer solchen Abschlussphase sollten den SuS bereits bekannt bzw. zumindest eingeführt sein, um inhaltlich zu arbeiten. Zudem können die SuS ihre Reflexionsfähigkeiten erweitern, indem in den Teams auch darüber geredet wird, wie man gearbeitet hat, was gut war und was man noch verbessern kann (eine Checkliste zu diesem Thema oder anderes Material kann eingesetzt werden). Die Lehrkraft muss Hilfestellungen geben, Ideen für die nächsten Stunden aufgreifen, ggf. verschriftlichen und vor allem die Situation so gut vorstrukturieren, dass die SuS inhaltlich arbeiten und ggf. ihre Fähigkeiten und Fertigkeiten reflektieren können.

Lernziele der Unterrichtseinheit „Größen aktiv entdecken“

Übergeordnetes Lernziel

Die SuS entwickeln eine Vorstellung von Geldwerten und erlernen den Umgang mit Geld.

Teillernziele

Die SuS ...

1. ... kennen alle Geldscheine und Geldmünzen.
2. ... vergleichen Geldwerte miteinander.
3. ... ordnen Geldwerte der Größe nach.
4. ... schätzen Geldbeträge in Euro **oder** Cent.
5. ... schätzen Geldbeträge in Euro **und** Cent.
6. ... legen oder stempeln Geldbeträge in Euro **oder** Cent.
7. ... legen oder stempeln Geldbeträge in Euro **und** Cent.
8. ... haben Stützvorstellungen zu Geldwerten.
9. ... setzen Geldwerte in Beziehung zueinander (z. B. durch Vergleichswerte, Verwendung von Stütz vorstellungen).
10. ... wissen, wann eine bestimmte Maßeinheit verwendet wird.
11. ... kennen die Kommaschreibweise.
12. ... wenden die Kommaschreibweise an.
13. ... verschriftlichen Maßeinheiten richtig.
14. ... setzen Euro und Cent zueinander in Beziehung.
15. ... rechnen Geldwerte um.
16. ... rechnen Aufgaben mit Geldwerten (in Euro **oder** Cent).
17. ... rechnen Aufgaben mit Geldwerten (in Euro **und** Cent).
18. ... verwenden die Begriffe „genau“ und „ungefähr“ und die dazugehörigen Zeichen = und ≈ sinnvoll.
19. ... überschlagen Geldbeträge.

Einführung

In der folgenden Tabelle werden den Arbeitsblättern die jeweiligen Teillernziele zugeordnet. Die Einteilung der Teillernziele dient zur Orientierung und kann den gezielten Einsatz von Arbeitsaufträgen und die Erarbeitung von bestimmten Themenfeldern erleichtern. Die Teillernziele können sich durch die individuelle Verwendung im Unterricht verändern. Es wird kein Anspruch auf Vollständigkeit der Teillernziele erhoben.

Arbeitsblätter	Teillernziele
Umgang mit Euro oder Cent	
Seite 14 – 21	(1), (2), (3), (6), 13, 16
Seite 22 – 27	1, 2, 3, 16
Seite 28/29	1, 2, 3, 6, 13, 16
Seite 30 – 34	1, 4, 13, 16, (18)
Seite 35 – 37	1, 6, 14, 15, 16
Seite 38 – 40	8, 9, 18
Seite 41	1, 13
Seite 42	1, (8)
Seite 43 – 46	1, 6, (7), 10, 13, (14), 16, (17)
Seite 47 – 50	(1), 13, 16
Seite 51/52	6, 13, 16
Seite 53/54	13, 16
Seite 55/56	1, 13, 16
Seite 57 – 62	(6), 13, 16
Seite 63	10, 14, 15
Seite 64	10, 11, 14, 15
Seite 65 – 67	10, 13, 14, 15
Seite 68	10, 11, 13, 14, 15
Seite 69	10, 13, 14, 15
Umgang mit Euro und Cent	
Seite 70 – 73	(1), (2), (7), 10, 11, (12), 13, 14, 17
Seite 74/75	1, 2, (11), 12, 13, (14), 17
Seite 76 – 79	1, 2, 3, (11), (12), 13
Seite 80/81	1, 2, 3, 7, 11, 12, 13, 17
Seite 82/83	5, 8, 10, (11), 12, (15), 17
Seite 84	3, 10, 11, 12, 17, 18, 19
Seite 85	5, 10, (11), 12, 17, 18, 19
Seite 86	8, 10, 11
Seite 87	12, (13), (14), 17, 18
Seite 88 – 95	1, 7, (12), 17
Seite 96/97	8, 9, (10), (11), 12, (13), 17, 18, 19

Allgemeine Lernziele
Die folgenden allgemeinen Lernziele sollten unabhängig von den Arbeitsblättern bei der Unterrichtseinheit berücksichtigt werden.

Die SuS ...
a) ... verwenden und verstehen mathematische Fachsprache.
b) ... versprachlichen ihre Ideen, Vorgehensweisen, Rechenwege und Lösungen.

c) ... stellen anderen ihre Arbeitsergebnisse vor (auf enaktiver, ikonischer oder symbolischer Ebene).
d) ... kontrollieren Lösungen (eigene Lösungen und die Lösungen anderer).
e) ... reflektieren eigene Lösungswege.
f) ... reflektieren ihr eigenes Können.
g) ... lösen mit anderen eine Aufgabe.
h) ... geben anderen Hilfe und holen sich Hilfe von ihren Mitschülern und Mitschülerinnen.
i) ... arbeiten problemorientiert.
j) ... verfolgen und begreifen die Ideen, Vorgehensweisen und Lösungen anderer.
k) ... denken sich passende und sinnvolle Aufgaben und Rechnungen aus.
l) ... lassen andere Lösungswege zu.
m) ... erkennen geeignetere Lösungswege.
n) ... organisieren ihre Arbeit selbst.
o) ... lernen verschiedene Arbeitsmethoden kennen und erlangen dadurch Methodenkompetenz.
p) ... schätzen ihren Lern- und Leistungsstand ein.
q) ... gewinnen Selbstvertrauen.
r) ... erkunden von sich aus mathematische Sachverhalte.
s) ... stellen Nebenrechnungen (Kladde) an.
t) ... bearbeiten Tabellen.

Material

Dieses Material kann den SuS während der gesamten Unterrichtseinheit zur Verfügung stehen:

- magnetisches Geld für die Tafel
- Spielgeld
- echtes Geld
- Portemonnaies mit verschiedenen echten oder unechten Geldbeträgen zum Schätzen, Überschlagen, Ausrechnen und Vergleichen
- Plakat mit Geldangaben: zum Beispiel „Das kostet ungefähr 1 Euro Das kostet ungefähr 10 Euro, Das kostet ungefähr 100 Euro, Das kostet ungefähr 50 Cent ..."
- Plakat mit Merksätzen und/oder Umrechnungstabellen (z. B. Merkblätter der Unterrichtseinheit auf DIN-A3 kopiert)
- Plakat mit allen Geldmünzen und -scheinen
- Klassenbuch „Rund ums Geld":
  1. Von den SuS mitgebrachte oder gesammelte Kassenbons werden in das Buch geklebt. Diese bieten Möglichkeiten für sehr viele Aufgaben (z. B.: Preisvergleiche der Supermärkte, Beträge überschlagen, Beträge umrechnen bzw. anders aufschreiben als angegeben, Beträge versprachlichen, Rechenaufgaben ausdenken: Wechselgeld...)
  2. Rechnungen mit Geld können verschriftlicht werden.
  3. Für die SuS wichtige Erkenntnisse, Ideen, Schätzungen, Fragen, etc. können verschriftlicht oder skizziert werden.
  4. Angebote aus einem Katalog werden ausgeschnitten, eingeklebt und Rechenaufgaben daraus entwickelt.

Ein Einkauf I

Arbeite mit einem Partner.

1. Erzählt euch gegenseitig:

- **Was kann man in dem Geschäft kaufen?**
- **Was kostet das jeweils?**

2. Findet Rechenaufgaben zu dem Bild.

Unsere Rechenaufgaben:

Ein Einkauf III

Arbeite mit einem Partner.

1. Erzählt euch gegenseitig Rechengeschichten zu dem Bild.

2. Schreibe deine schönste Rechengeschichte auf.

3. Lass deinen Partner deine Rechengeschichte rechnen.

Meine Rechengeschichte:

Die Rechenaufgabe(n) dazu:

Schreibe auf, wie viel Geld jeder für seinen Einkauf bezahlen muss.

a)

b)

c)

d)

Jeder hat 20 Euro im Portemonnaie.
Schreibe auf, wie viel Geld nach dem Einkauf übrig bleibt.

a)

b)

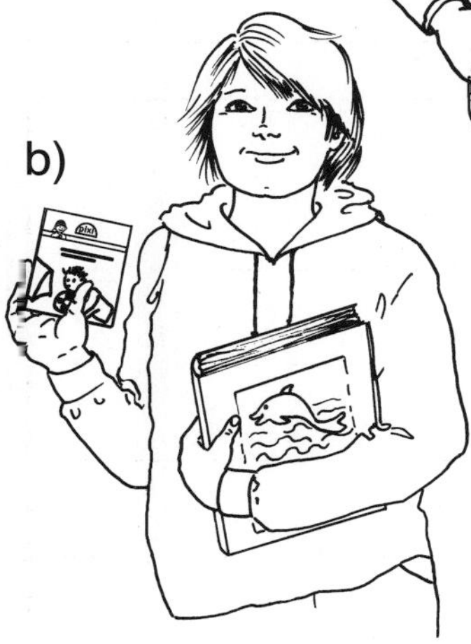

c)

d)

Schreibe auf, wie viel Geld jeder für seinen Einkauf bezahlen muss.

a)

b)

c)

d)

Jeder hat 100 Euro im Portemonnaie.
Schreibe auf, wie viel Geld nach dem Einkauf übrig bleibt.

a)

b)

c)

d)

Arbeitet zu dritt oder zu viert.

1. Bereitet zusammen ein Rollenspiel vor:

- **Malt oder schreibt Schilder mit Sachen, die man kaufen kann.**
- **Schreibt sinnvolle Preise dazu.**
- **Teilt die Gruppenmitglieder ein in: 1 Verkäufer, 1 Einkäufer, 1 oder 2 Rechenbegleiter.**

2. Spielt gemeinsam Einkaufen:

1 Verkäufer und 1 Einkäufer spielen mit Geld.

Der Rechenbegleiter hilft beim Rechnen und kontrolliert.

Platz für Notizen:

1. **Zähle das Geld in den Portemonnaies zusammen. Notiere den Betrag.**

2. **Mit welchem Geld kannst du *mehr* kaufen? Kreuze an.**

a) ☐ 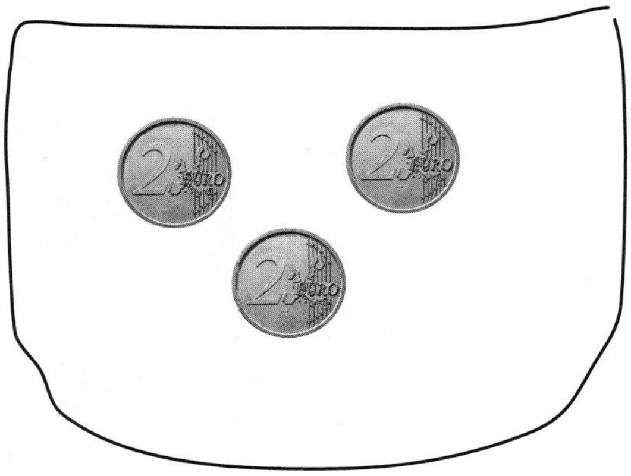 ☐ 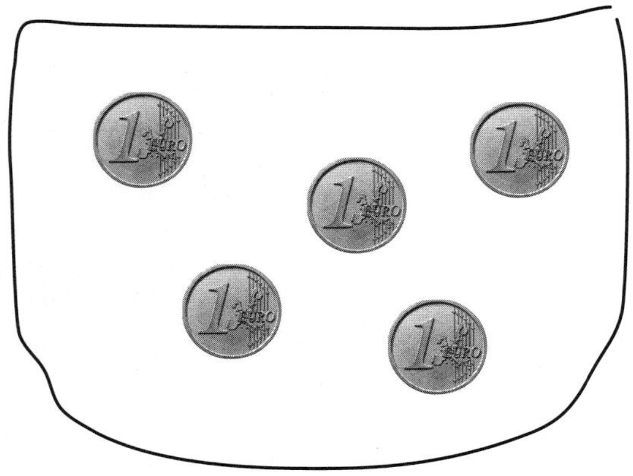

€ €

b) ☐ 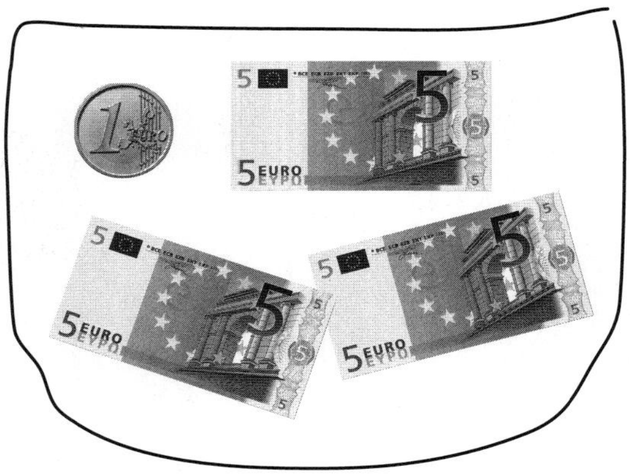 ☐ 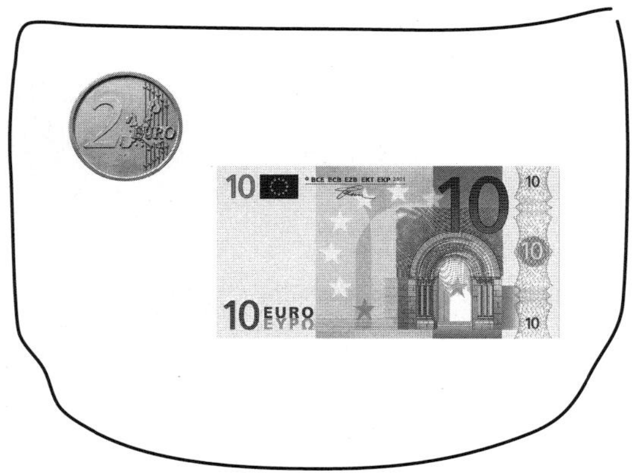

€ €

c) ☐ 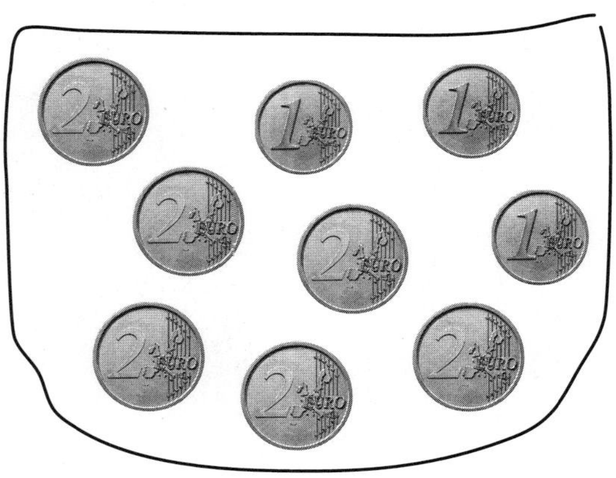 ☐ 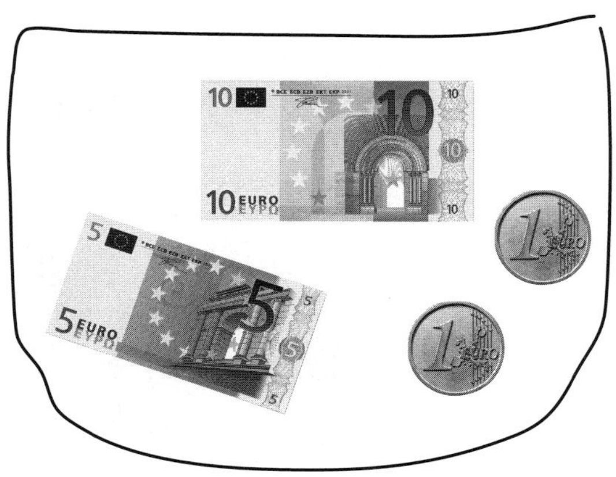

€ €

1. **Zähle das Geld in den Portemonnaies zusammen. Notiere den Betrag.**

2. **Mit welchem Geld kannst du *weniger* kaufen? Kreuze an.**

a) ☐

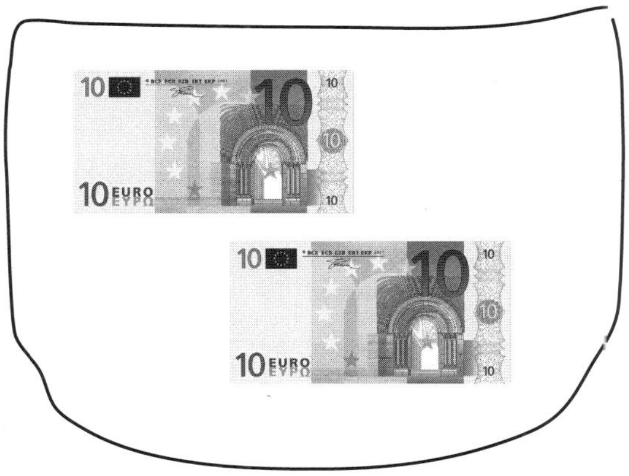

☐

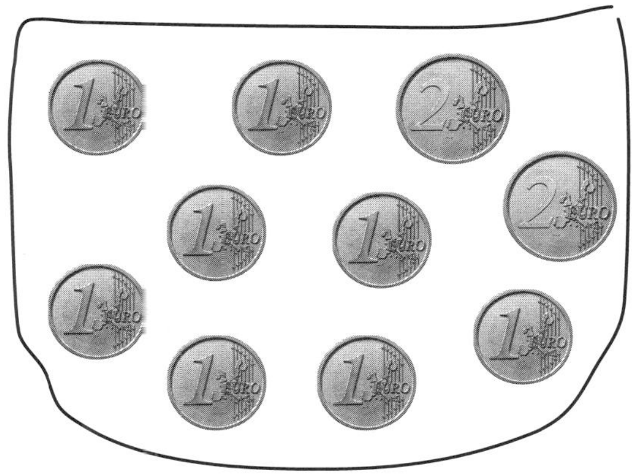

€ €

b) ☐

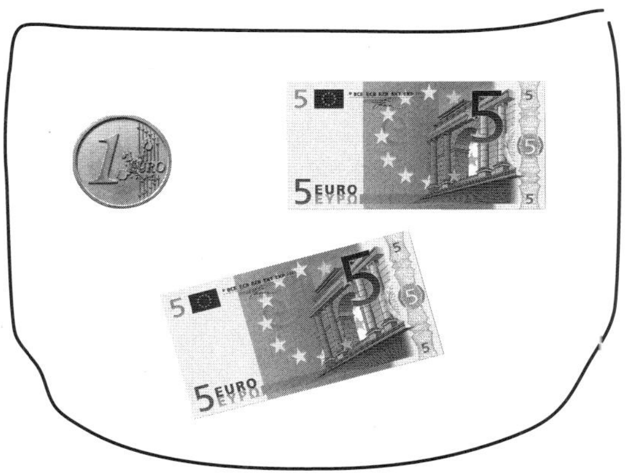

☐

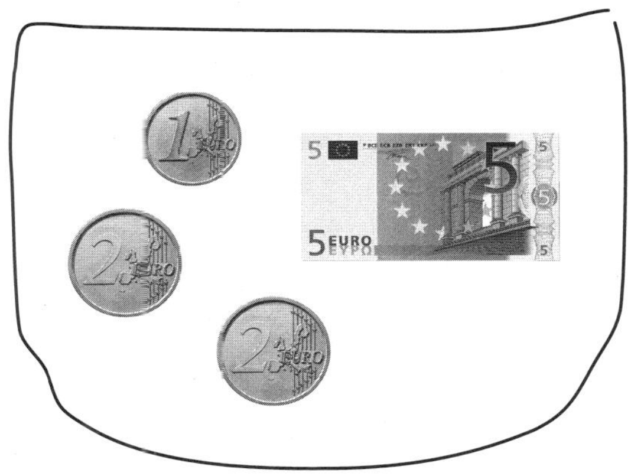

€ €

c) ☐

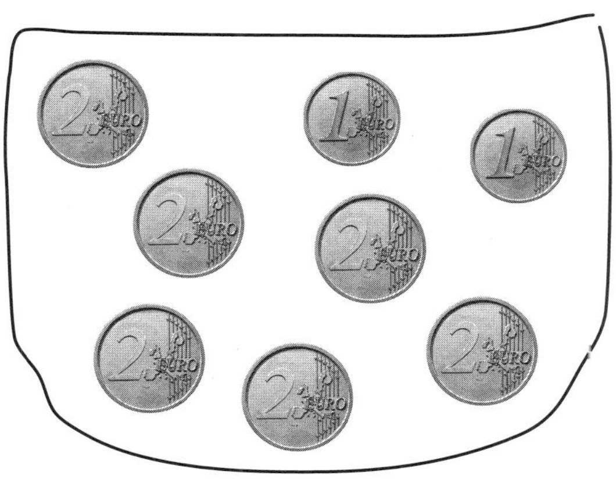

☐

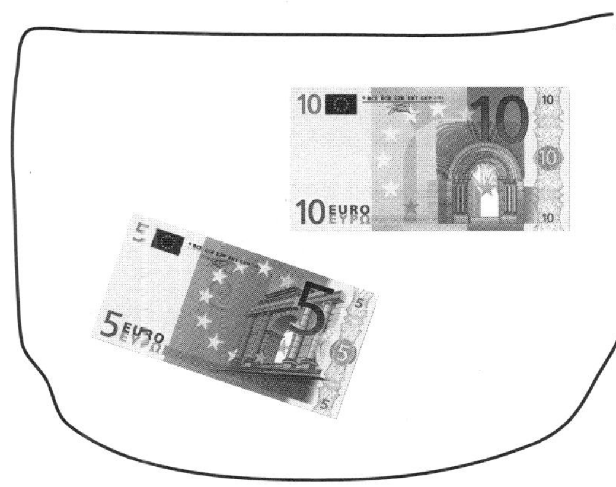

€ €

**1. Zähle das Geld in den Portemonnaies zusammen.
Notiere den Betrag.**

**2. Mit welchem Geld kannst du *mehr* kaufen?
Kreuze an.**

a) ☐

______ €

☐

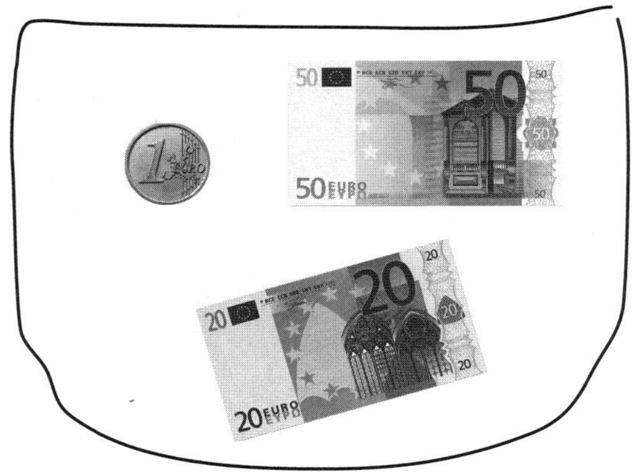

______ €

b) ☐

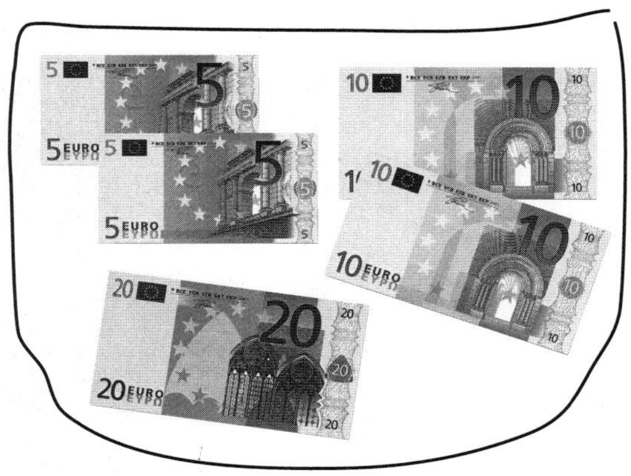

______ €

☐

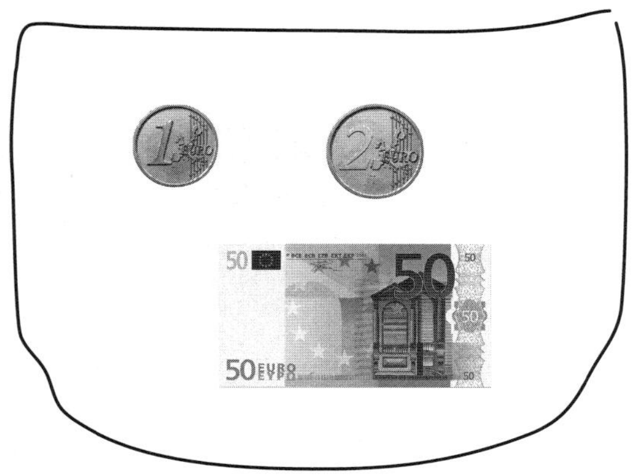

______ €

c) ☐

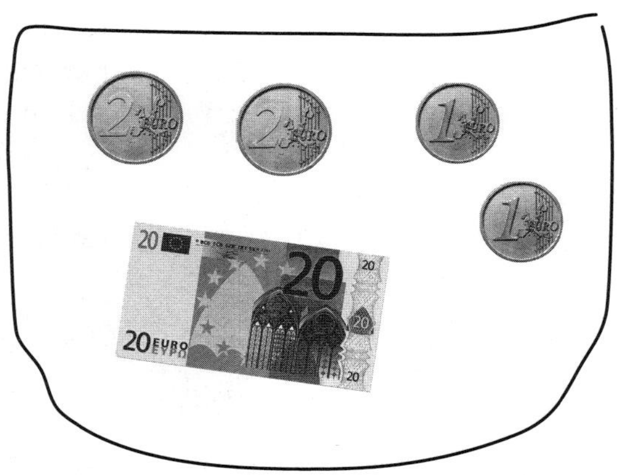

______ €

☐

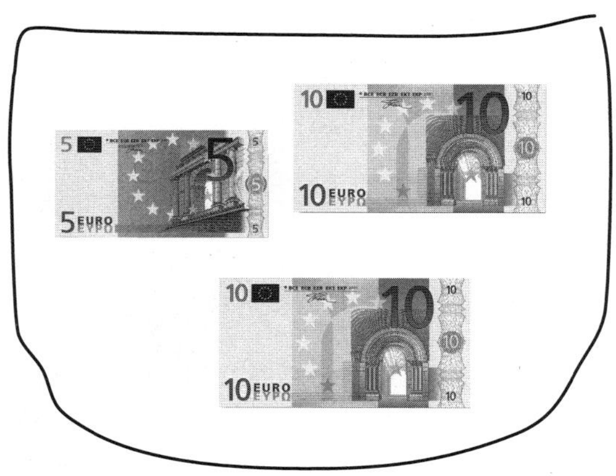

______ €

1. **Zähle das Geld in den Portemonnaies zusammen.**
   Notiere den Betrag.

2. **Mit welchem Geld kannst du *weniger* kaufen?**
   Kreuze an.

a) ☐

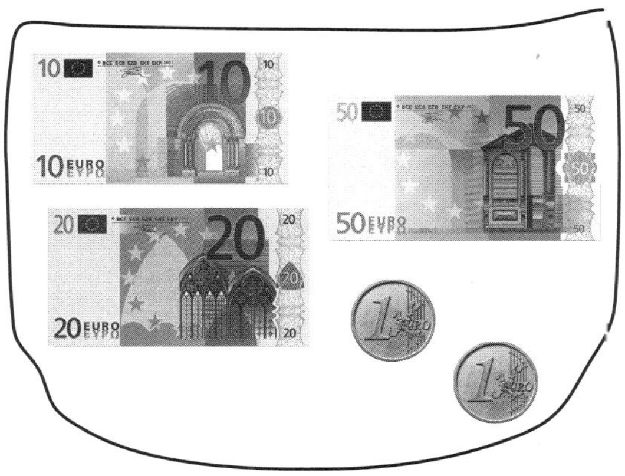

_______ €

☐

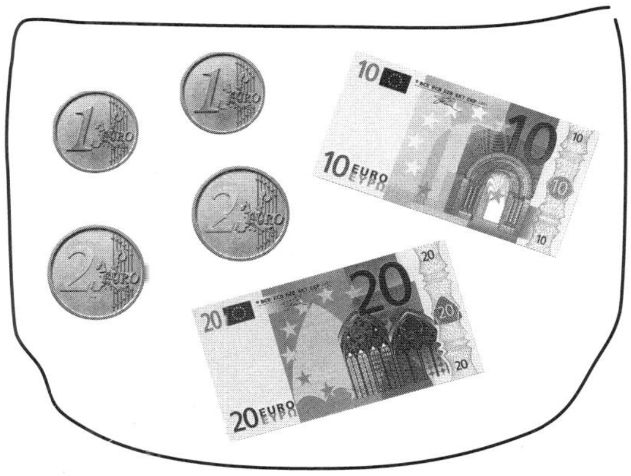

_______ €

b) ☐

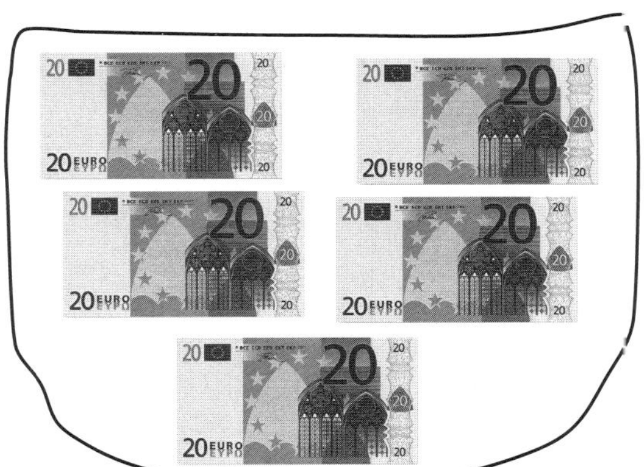

_______ €

☐

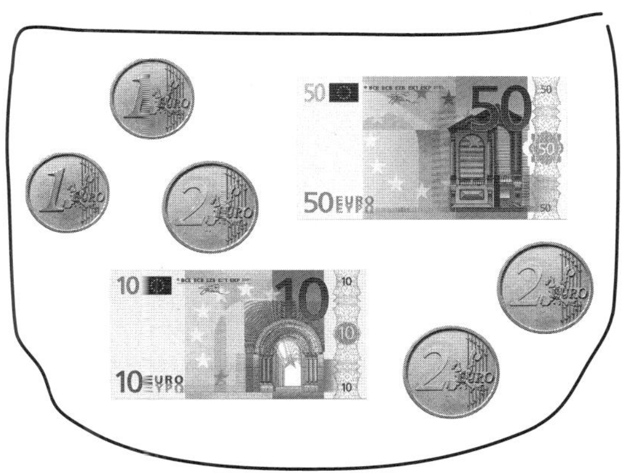

_______ €

c) ☐

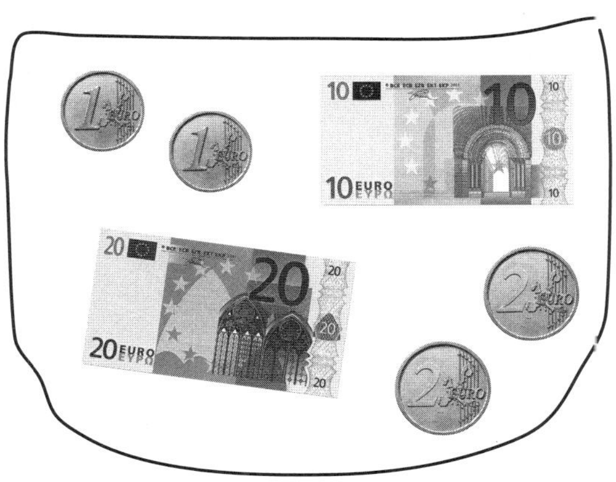

_______ €

☐

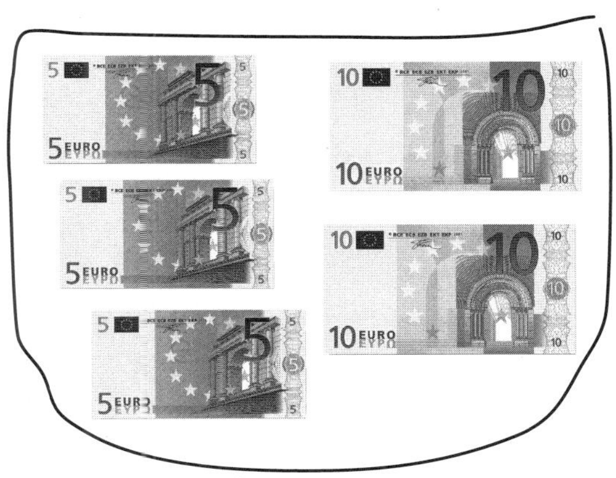

_______ €

1. **Zähle das Geld in den Portemonnaies zusammen. Notiere den Betrag.**
2. **Mit welchem Geld kannst du *mehr* kaufen? Kreuze an.**

a) ☐

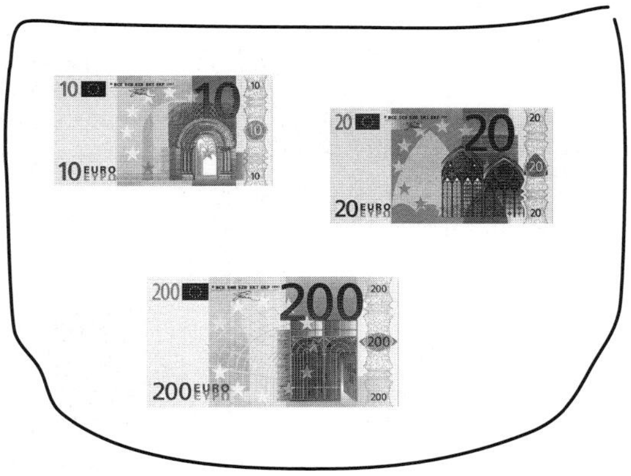

€

☐

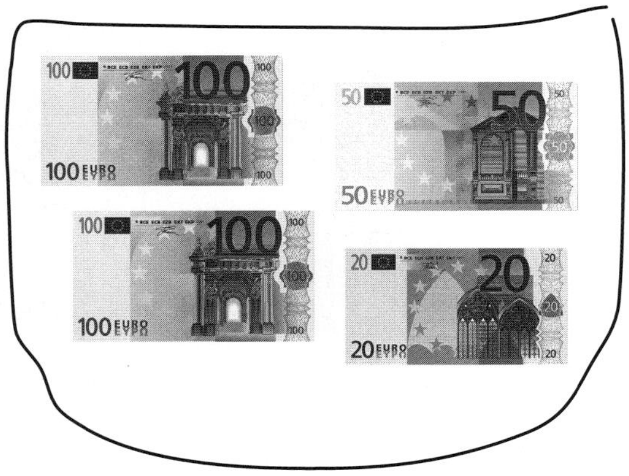

€

b) ☐

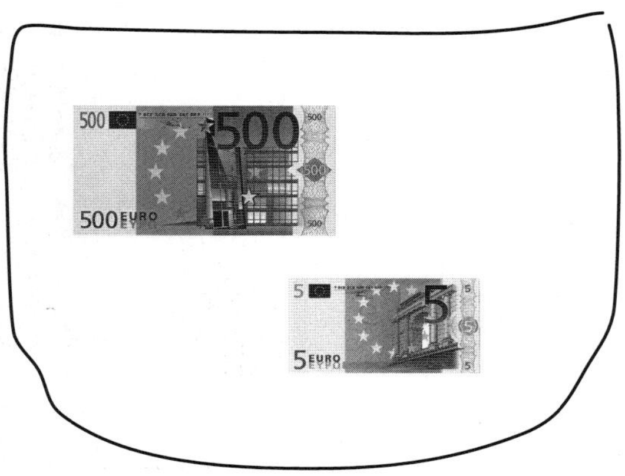

€

☐

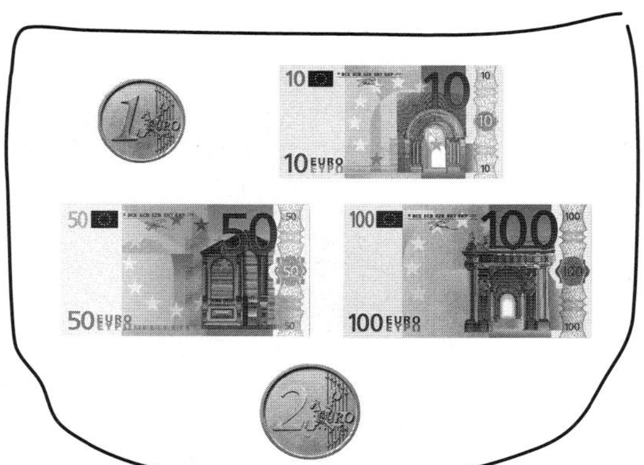

€

c) ☐

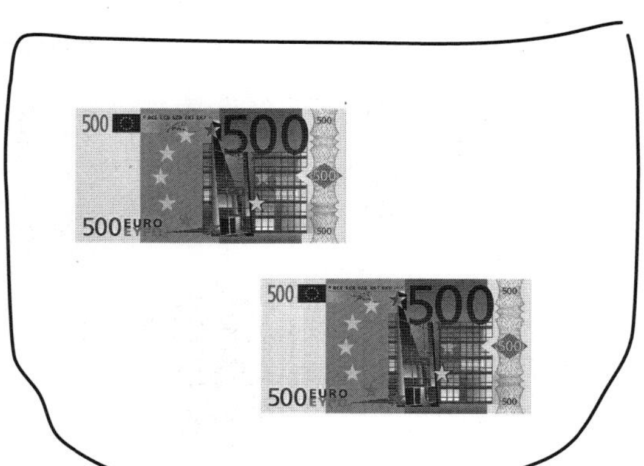

€

☐

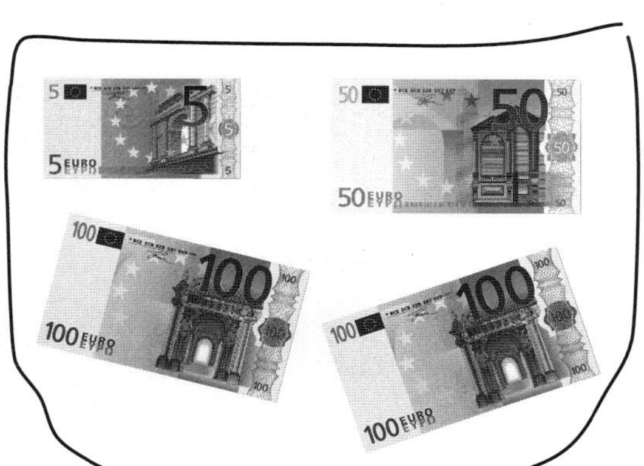

€

Geldbeträge schreiben und vergleichen VI (Rechnen bis 1000 mit Euro)

1. **Zähle das Geld in den Portemonnaies zusammen.
   Notiere den Betrag.**

2. **Mit welchem Geld kannst du *weniger* kaufen?
   Kreuze an.**

a) ☐

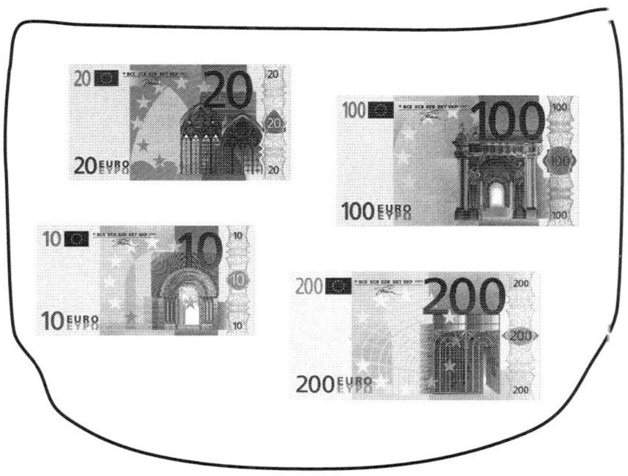

€

☐

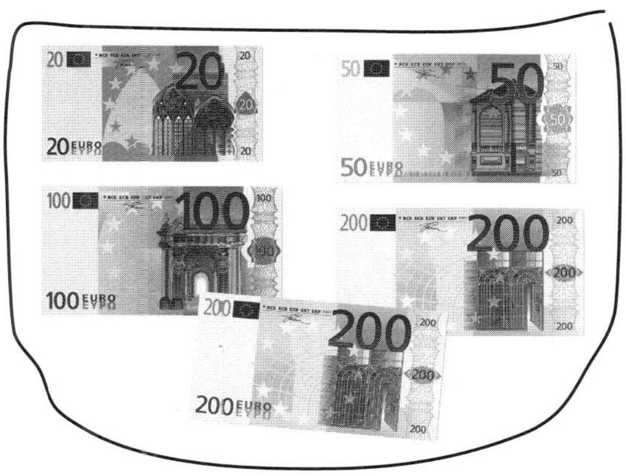

€

b) ☐

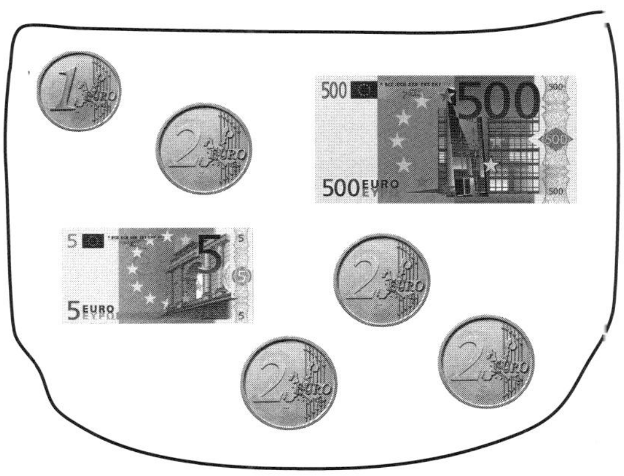

€

☐

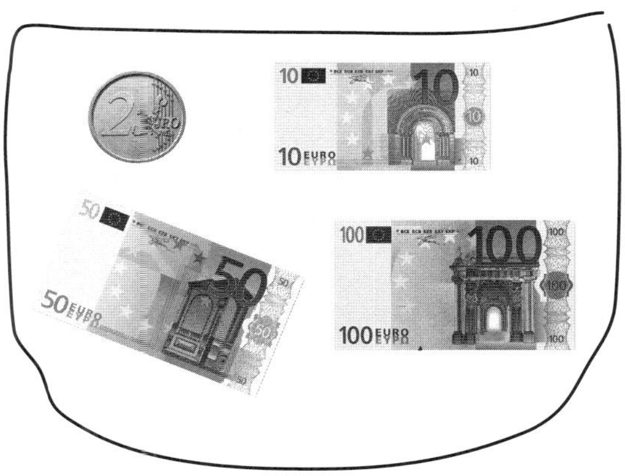

€

c) ☐

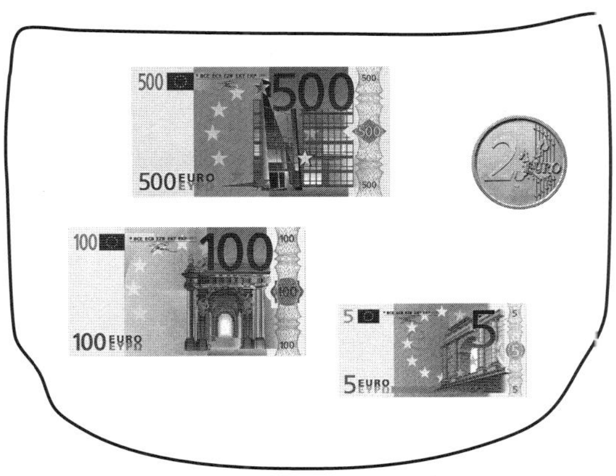

€

☐

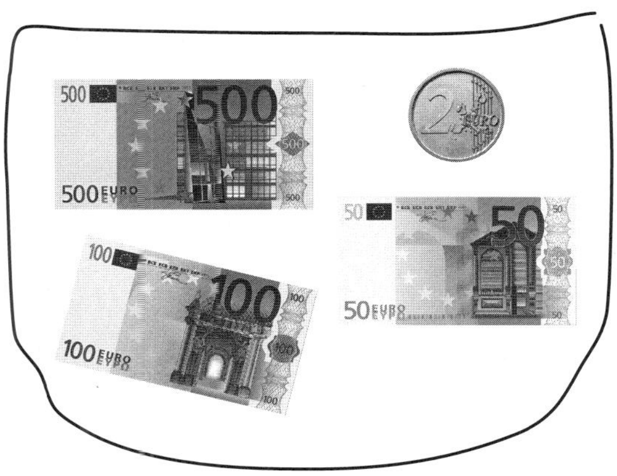

€

Geldbeträge schreiben und vergleichen VII

Arbeite mit einem Partner.

1. **Lege oder stempel drei Geldbeträge mit Euro-Münzen. Benutze zum Stempeln ein leeres Blatt.**
2. **Dein Partner rechnet die Geldbeträge aus und sortiert die Beträge von klein bis groß.**
3. **Kontrolliere, ob dein Partner die Geldbeträge richtig gerechnet und sortiert hat.**
4. **Trage die Ergebnisse in die Tabelle ein.**

Geldbetrag 1	<	Geldbetrag 2	<	Geldbetrag 3
15 Euro		19 Euro		20 Euro

Geldbeträge schreiben und vergleichen VIII

1. **Lege oder stempel zwei Geldbeträge.**
   Benutze zum Stempeln ein leeres Blatt.
2. **Trage die Geldbeträge in die Tabelle ein und vergleiche die Größe der Beträge.**
   Verwende die Zeichen <, > oder =.

Geldbetrag 1	</>/=	Geldbetrag 3
15 Euro	<	20 Euro

Geldbeträge schätzen und ausrechnen I (bis 20)

1. **Sieh dir die Geldbeträge kurz an.**
   Schätze, wie viel Geld gespart wurde.
2. **Rechne dann das Geld in Ruhe zusammen.**

a)

b)

c)
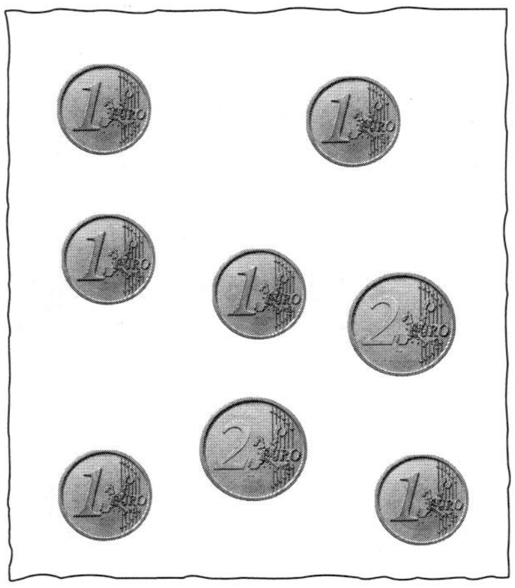

d)
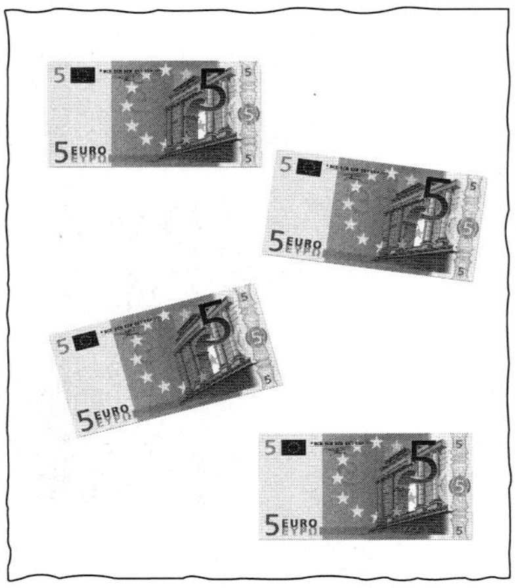

e)
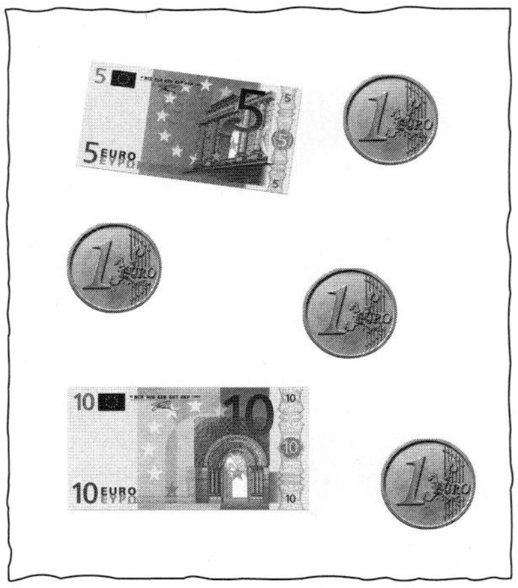

f)

Portemonnaie	Geldbetrag *geschätzt*	Geldbetrag *ausgerechnet*
a)		
b)		
c)		
d)		
e)		
f)		

1. **Sieh dir die Geldbeträge kurz an.**
   Schätze, wie viel Geld gespart wurde.
2. **Rechne dann das Geld in Ruhe zusammen.**

a)

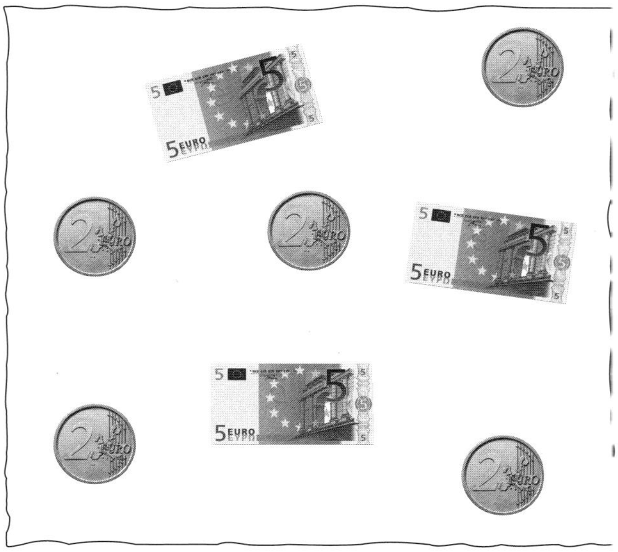

b)

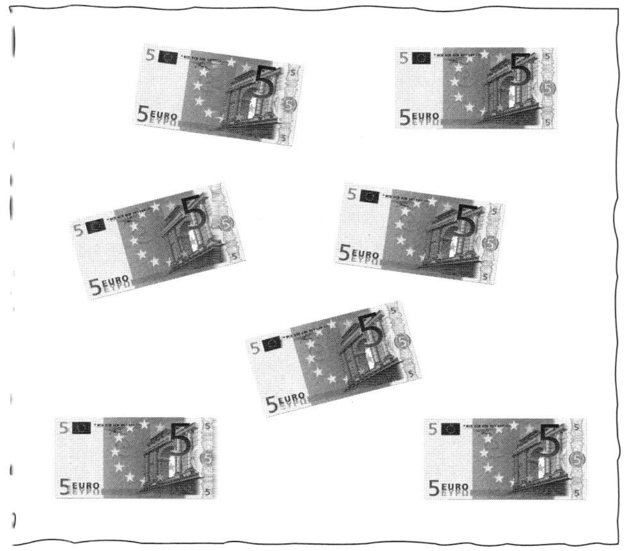

c)

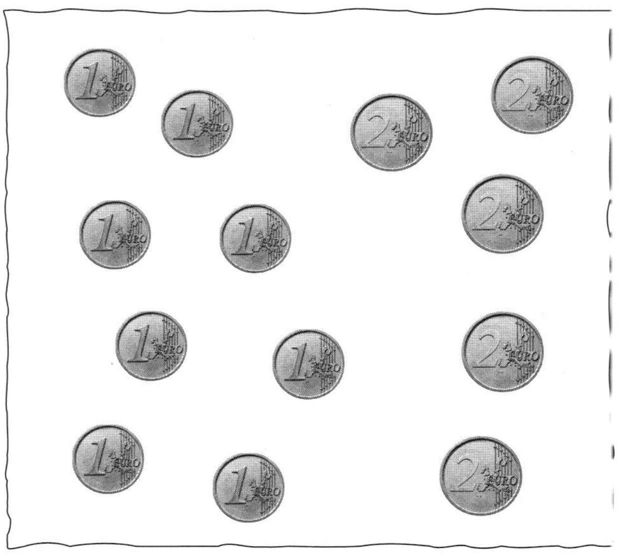

d)

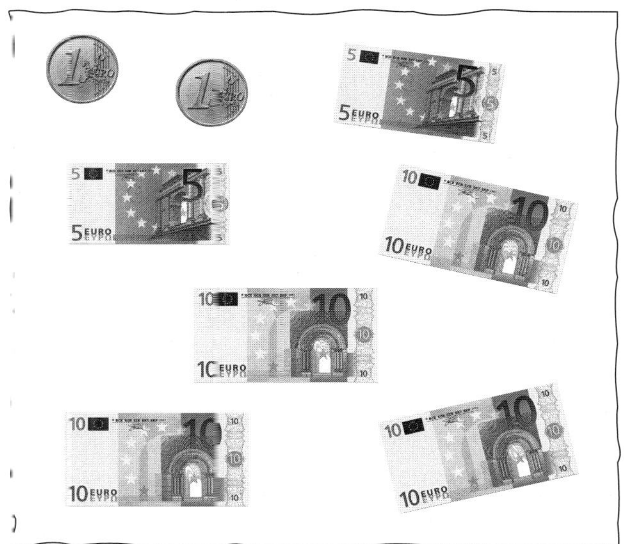

Portemonnaie	Geldbetrag *geschätzt*	Geldbetrag *ausgerechnet*
a)		
b)		
c)		
d)		

Geldbeträge schätzen und ausrechnen III (bis 100)

**1. Sieh dir die Geldbeträge kurz an.
Schätze, wie viel Geld gespart wurde.**

2. Rechne dann das Geld in Ruhe zusammen.

a)
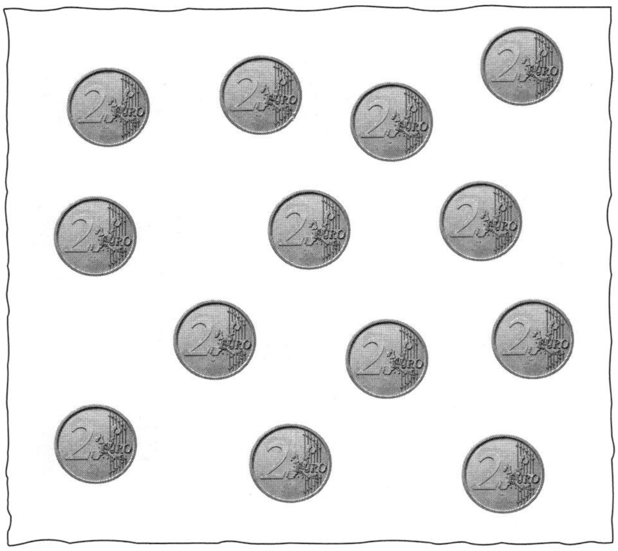

b)
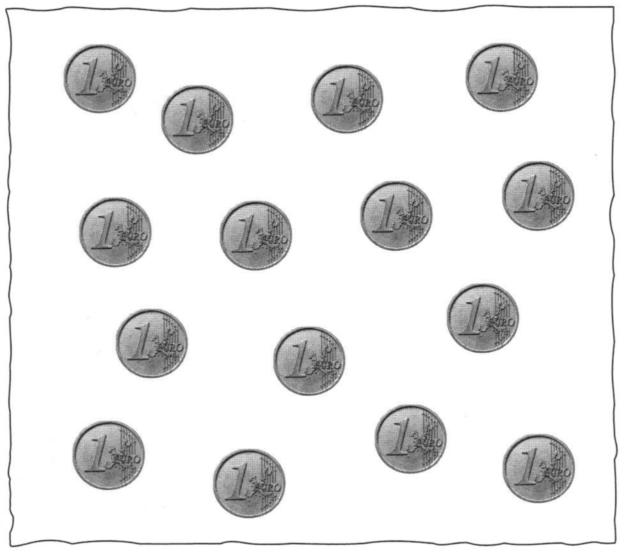

c)
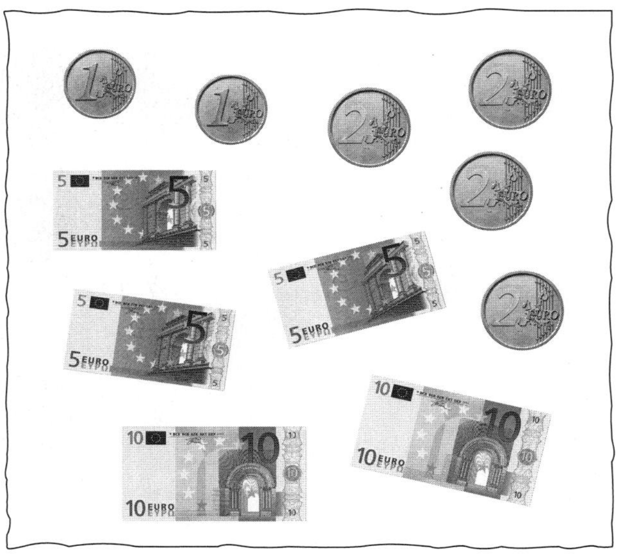

d)
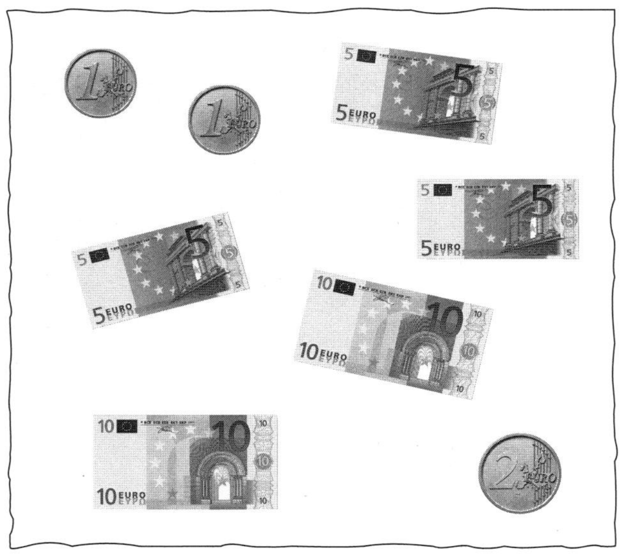

Portemonnaie	Geldbetrag *geschätzt*	Geldbetrag *ausgerechnet*
a)		
b)		
c)		
d)		

Geldbeträge schätzen und ausrechnen IV (bis 1000)

1. **Sieh dir die Geldbeträge kurz an.**
   Schätze, wie viel Geld gespart wurde.
2. **Rechne dann das Geld in Ruhe zusammen.**

a)

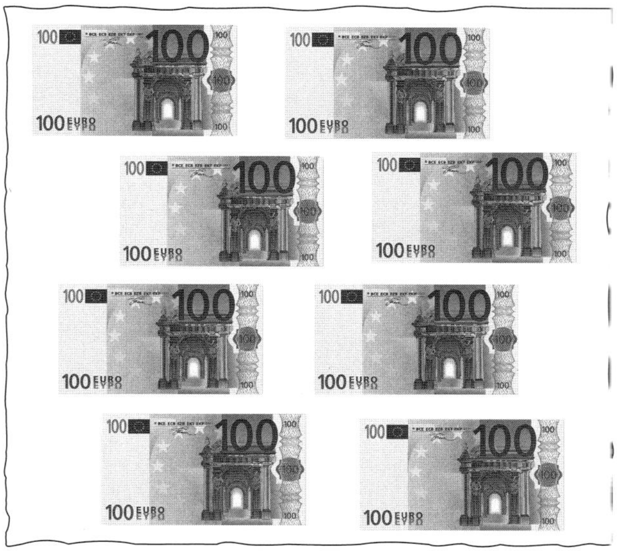

b)

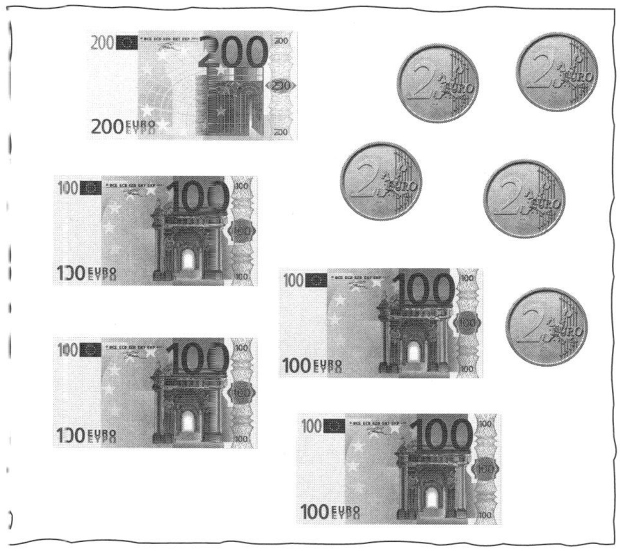

c)

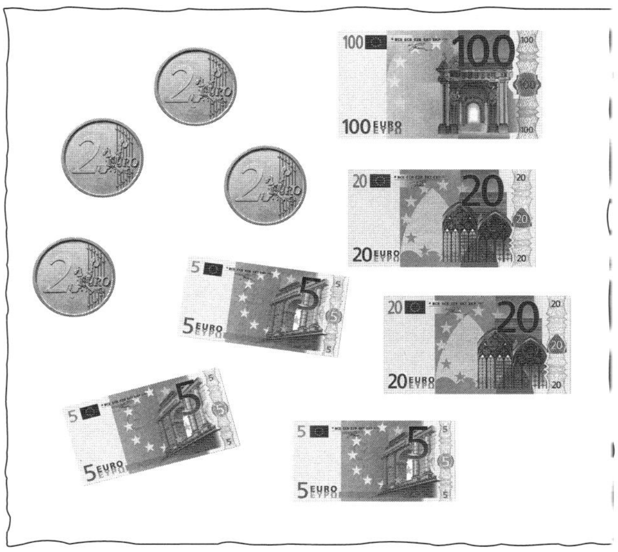

d)

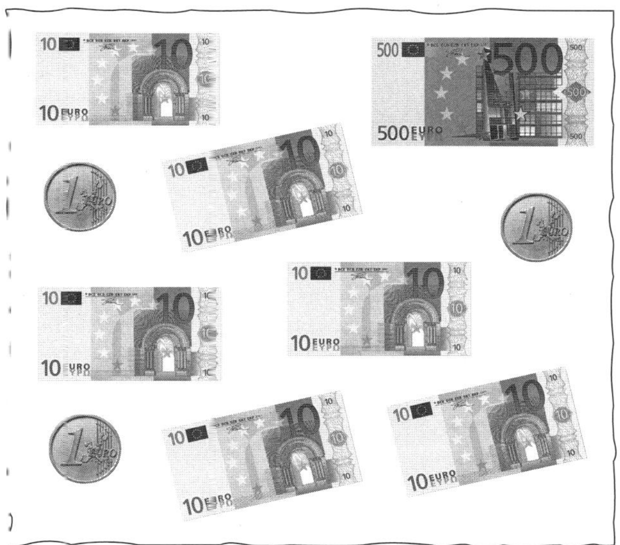

Portemonnaie	Geldbetrag *geschätzt*	Geldbetrag *ausgerechnet*
a)		
b)		
c)		
d)		

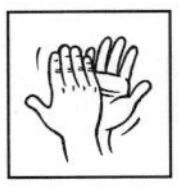

Arbeite mit einem Partner.

1. **Lege Euro-Münzen und Euro-Scheine auf ein leeres Blatt. Rechne dabei aus, wie viel Geld du bereitlegst.**
2. **Zuerst schätzt dein Partner den Geldbetrag.**
3. **Dann rechnet dein Partner den Geldbetrag zusammen.**
4. **Kontrolliere nun die Rechnung deines Partners. Redet darüber, wie er geschätzt hat.**

Wechselt euch ab.

Geldbetrag *geschätzt*	Geldbetrag *ausgerechnet*

Wie schätze ich?

1. **Unterhalte dich mit deinem Partner darüber, wie man Geldbeträge am besten schätzen kann.**
2. **Schreibe Schätzstrategien auf.**

Immer 1 Euro

1. **Lege Cent-Stücke so, dass sie 1 Euro ergeben. Finde viele verschiedene Möglichkeiten.**
2. **Zeichne deine Ergebnisse auf.**

a)
b)
c)
d)
e)
f)
g)
h)
i)
j)

!

Das merke ich mir!

1 Euro (€) = 100 Cent (ct)

Immer 2 Euro

**1. Lege Cent-Stücke so, dass sie 2 Euro ergeben.
Finde viele verschiedene Möglichkeiten.**

2. Zeichne deine Ergebnisse auf.

a)
b)
c)
d)
e)
f)
g)
h)
i)
j)

!

Das merke ich mir!

1 Euro (€) = 100 Cent (ct)
2 Euro (€) = 200 Cent (ct)

Immer 50 Cent

1. Lege Cent-Stücke so, dass sie 50 Cent ergeben.
   Finde viele verschiedene Möglichkeiten.
2. Zeichne deine Ergebnisse auf.

a)
b)
c)
d)

Immer 25 Cent

1. Lege Cent-Stücke so, dass sie 25 Cent ergeben.
   Finde viele verschiedene Möglichkeiten.
2. Zeichne deine Ergebnisse auf.

a)
b)
c)
d)

!

Das merke ich mir!

1 Euro (€) = 100 Cent (ct)
2 Euro (€) = 200 Cent (ct)
ein halber Euro ($\frac{1}{2}$ €) = 50 Cent (ct)
ein viertel Euro ($\frac{1}{4}$ €) = 25 Cent (ct)

Das kostet ungefähr (≈) 50 Cent.

Hinweis: 50 Cent = $\frac{1}{2}$ Euro = 0,50 Euro

Das kostet ungefähr (≈) 1 Euro.

Hinweis: 1 Euro = 100 Cent

Das kostet ungefähr (≈) 5 Euro.

Hinweis: 5 Euro = 500 Cent

Das kostet ungefähr (≈) 10 Euro.

Hinweis: 10 Euro = 1000 Cent

Das kostet ungefähr (≈) 50 Euro.

Das kostet ungefähr (≈) 100 Euro.

Das kostet ungefähr (≈) 200 Euro.

Das kostet ungefähr (≈) 500 Euro.

Das kostet ungefähr (≈) 1000 Euro.

Es gibt Cent-Münzen, Euro-Münzen und Euro-Scheine.
Schreibe den passenden Geldbetrag neben die Münze oder den Schein.

Münzen und Scheine II

Beantworte die folgenden Fragen.
Schreibe deine Antwort möglichst in einem ganzen Satz auf.

1. Wie viele Cent-Münzen gibt es?

____

____

2. Wie viele Münzen und Scheine gibt es insgesamt?

____

____

3. Welche Farbe hat der 10-Euro-Schein?

____

____

4. Mit welchem Geldschein kann man am meisten kaufen?

____

____

5. Gibt es etwas, das man mit einer 1-Cent-Münze kaufen kann?

____

____

Heide Hildebrandt: Größen aktiv entdecken: Geld

Arbeite mit einem Partner.

1. **Wechsel die angegebenen Beträge.**
2. **Trage deine Ergebnisse in die Tabelle ein.**
3. **Dein Partner kontrolliert deine Ideen.**

Betrag	Rechenaufgabe zu den gelegten Scheinen und Münzen	Anzahl der Scheine und Münzen	Kontrolle des Partners: • Geld gelegt • Tabelle ausgefüllt
	2 € + 2 € + 1 € + 5 €	4	✓

4. **Hat dein Partner die Beträge anders gewechselt als du? Vergleiche.**

Arbeite mit einem Partner.

1. **Wechsel die angegebenen Beträge.**
2. **Trage deine Ergebnisse in die Tabelle ein.**
3. **Dein Partner kontrolliert deine Ideen.**

Betrag	Rechenaufgabe zu den gelegten Scheinen und Münzen	Anzahl der Scheine und Münzen	Kontrolle des Partners: • Geld gelegt • Tabelle ausgefüllt
	2 € + 2 € + 1 € + 5 € + 5 €	5	✓
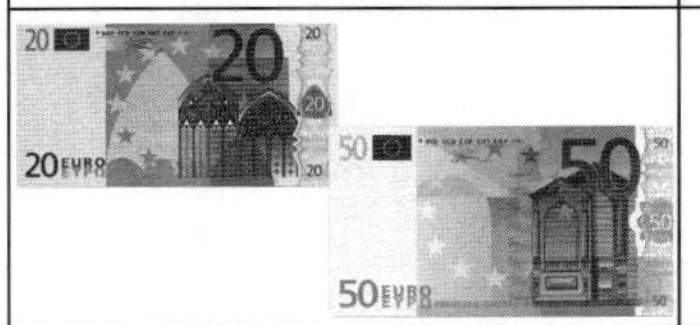			

4. **Hat dein Partner die Beträge anders gewechselt als du? Vergleiche.**

Arbeite mit einem Partner.

1. Nenne einen Geldbetrag und schreibe ihn in die Tabelle.

2. Dein Partner legt den Betrag und trägt die Ergebnisse in die Tabelle ein.

3. Kontrolliere die Ideen deines Partners.

Betrag	Rechenaufgabe zu den gelegten Scheinen und Münzen	Anzahl der Scheine und Münzen	Kontrolle des Partners: • Geld gelegt • Tabelle ausgefüllt
21 Euro	20 € + 50 ct + 50 ct	3	✓

Münzen und Scheine VI (Rechnen bis 1000)

Arbeite mit einem Partner.

1. **Wechsel die angegebenen Beträge.**
   Benutze dabei *so wenig* Scheine und Münzen wie möglich.
2. **Trage deine Ergebnisse in die Tabelle ein.**
3. **Dein Partner kontrolliert deine Ideen.**

Betrag	Rechenaufgabe zu den gelegten Scheinen und Münzen	Anzahl der Scheine und Münzen	Kontrolle des Partners: • Geld gelegt • Tabelle ausgefüllt
21 Euro	20 € + 1 €	2	✓
19 Euro			
6 Euro			
105 Euro			
250 Euro			
1000 Euro			

Wie viel *Euro* (€) sind das?
Rechne zusammen.

a)  10 Euro = 10 €

b)  ____________

c)  ____________

d)  ____________

e)  ____________

f)  ____________

g)  ____________

h)  ____________

i)  ____________

Rechnen bis 20 II

Wie viel *Cent* (ct) sind das?
Rechne zusammen.

a)  15 Cent = 15 ct

b)  ______________________

c)  ______________________

d)  ______________________

e)  ______________________

f)  ______________________

g)  ______________________

h)  ______________________

i)  ______________________

Rechnen bis 20 III

Du hast einen 20-Euro-Schein.

Wie viel Geld bekommst du beim Einkauf jeweils zurück?

Das bekomme ich zurück: ______________________

Das bekomme ich zurück: ______________________

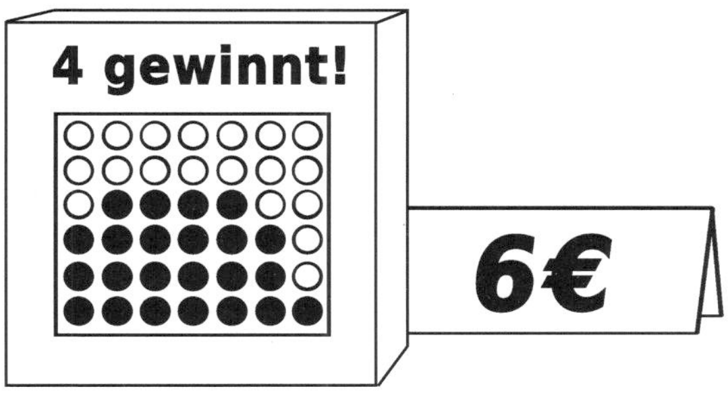

Das bekomme ich zurück: ______________________

Das bekomme ich zurück: ______________________

Das bekomme ich zurück: ______________________

Du kaufst neue Spielsachen.
Rechne aus, was du bezahlen musst.

Das muss ich bezahlen: ______________________

Das muss ich bezahlen: ______________________

Das muss ich bezahlen: ______________________

Das muss ich bezahlen: ______________________

Das muss ich bezahlen: ______________________

Arbeite mit einem Partner.

1. **Lege oder stempel den angegebenen Betrag mit *Euro-Münzen und -Scheinen.***
2. **Dein Partner überprüft deine Lösung.**
3. **Schreibe die passende Rechenaufgabe dazu.**
4. **Vergleicht eure Ergebnisse. Haben du und dein Partner verschiedene Lösungen?**

12 Euro

Meine Rechenaufgabe:

5 € + 5 € + 2 € = 12 €

19 Euro

Meine Rechenaufgabe:

20 Euro

Meine Rechenaufgabe:

9 Euro

Meine Rechenaufgabe:

15 Euro

Meine Rechenaufgabe:

7 Euro

Meine Rechenaufgabe:

Arbeite mit einem Partner.

1. **Lege oder stempel den angegebenen Betrag mit *Cent-Münzen*.**
2. **Dein Partner überprüft deine Lösung.**
3. **Schreibe die passende Rechenaufgabe dazu.**
4. **Vergleicht eure Ergebnisse. Haben du und dein Partner verschiedene Lösungen?**

7 Cent

Meine Rechenaufgabe:

5 ct + 1 ct + 1 ct = 7 ct

10 Cent

Meine Rechenaufgabe:

14 Cent

Meine Rechenaufgabe:

16 Cent

Meine Rechenaufgabe:

20 Cent

Meine Rechenaufgabe:

13 Cent

Meine Rechenaufgabe:

Wie geht es weiter?

Arbeite mit einem Partner.

1. **Setze die *Euro-Reihen* fort.**
2. **Denke dir selbst *Euro-Reihen* aus, die dein Partner weiterrechnen soll. ACHTUNG: Das Ende der Reihe soll in der Nähe der Zahl 20 liegen!**
3. **Überprüfe die Lösungen deines Partners.**

2 €, **4 €**, **6 €**, ___, ___, ___, ___, ___, ___, ___

5 €, **7 €**, **9 €**, ___, ___, ___, ___, ___

5 €, **8 €**, **11 €**, ___, ___, ___

___, ___, ___, ___, ___, ___, ___, ___

___, ___, ___, ___, ___, ___, ___, ___

___, ___, ___, ___, ___, ___, ___, ___

Wie geht es weiter?

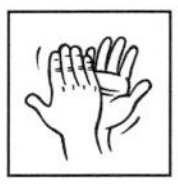

Arbeite mit einem Partner.

1. **Setze die *Cent-Reihen* fort.**
2. **Denke dir selbst *Cent-Reihen* aus, die dein Partner weiterrechnen soll.**
   ACHTUNG: Das Ende der Reihe soll in der Nähe der Zahl 20 liegen!
3. **Überprüfe die Lösungen deines Partners.**

1 ct, **3 ct**, **5 ct**, ___, ___,
___, ___, ___, ___, ___

0 ct, **3 ct**, **6 ct**, ___, ___,
___, ___, ___

2 ct, **5 ct**, **8 ct**, ___, ___,
___, ___, ___

___, ___, ___, ___, ___,
___, ___, ___

___, ___, ___, ___, ___,
___, ___, ___

___, ___, ___, ___, ___,
___, ___, ___

Wie viel *Euro* (€) sind das?
Rechne zusammen.

a)  56 Euro = 56 €

b)  ____________

c)  ____________

d)  ____________

e)  ____________

f)  ____________

g)  ____________

h)  ____________

i)  ____________

Wie viel *Cent* (ct) sind das?
Rechne zusammen.

a)		75 Cent = 75 ct
b)		
c)		
d)		
e)		
f)		
g)		
h)		
i)		

Du hast einen 100-Euro-Schein.

Wie viel Geld bekommst du beim Einkauf jeweils zurück?

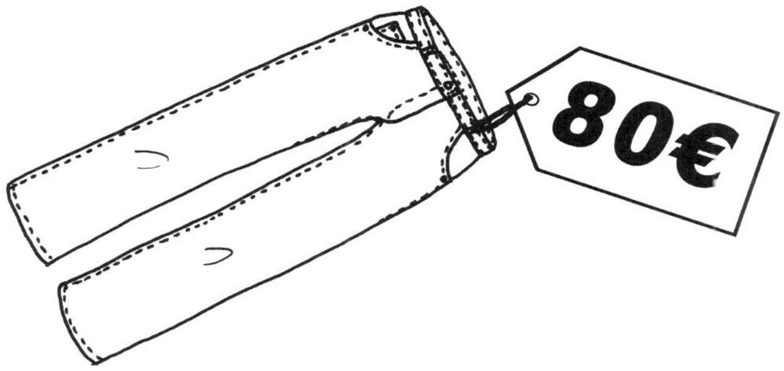

Das bekomme ich zurück: ____________________

Das bekomme ich zurück: ____________________

Das bekomme ich zurück: ____________________

Das bekomme ich zurück: ____________________

Das bekomme ich zurück: ____________________

Du kaufst neue Kleidung.
Rechne aus, was du bezahlen musst.

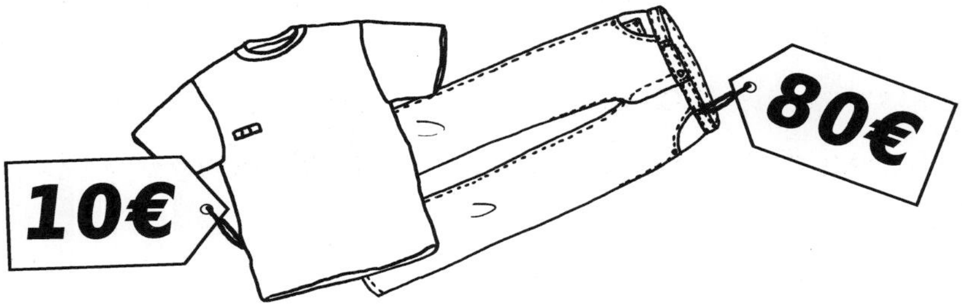

Das muss ich bezahlen:

____

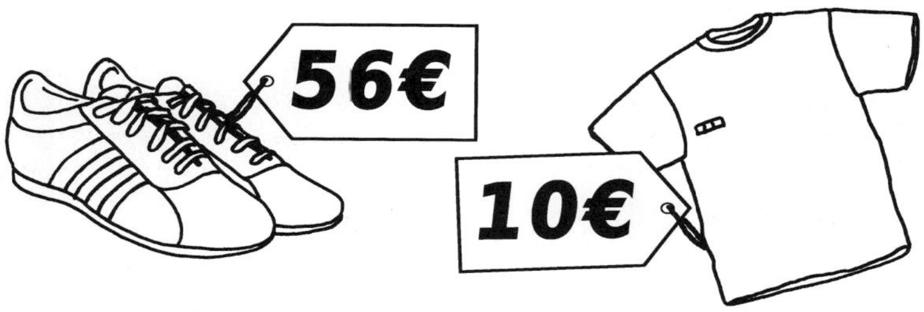

Das muss ich bezahlen:

____

Das muss ich bezahlen:

____

Das muss ich bezahlen:

____

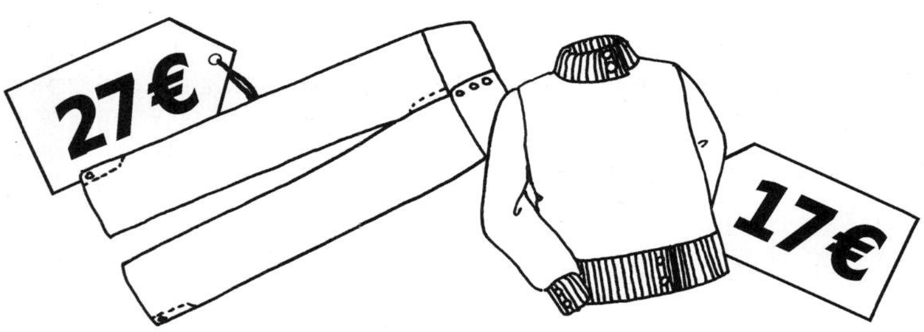

Das muss ich bezahlen:

____

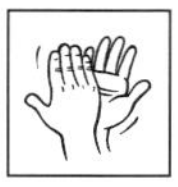

Arbeite mit einem Partner.

1. **Lege oder stempel den angegebenen Betrag mit *Euro-Münzen und -Scheinen.***
2. **Dein Partner überprüft deine Lösung.**
3. **Schreibe die passende Rechenaufgabe dazu.**
4. **Vergleicht eure Ergebnisse. Haben du und dein Partner verschiedene Lösungen?**

42 Euro

Meine Rechenaufgabe:

10 € + 10 € + 20 € + 2 € = 42 €

89 Euro

Meine Rechenaufgabe:

100 Euro

Meine Rechenaufgabe:

51 Euro

Meine Rechenaufgabe:

15 Euro

Meine Rechenaufgabe:

39 Euro

Meine Rechenaufgabe:

Arbeite mit einem Partner.

1. **Lege oder stempel den angegebenen Betrag mit *Cent-Münzen*.**
2. **Dein Partner überprüft deine Lösung.**
3. **Schreibe die passende Rechenaufgabe dazu.**
4. **Vergleicht eure Ergebnisse. Haben du und dein Partner verschiedene Lösungen?**

39 Cent

Meine Rechenaufgabe:

10 ct + 10 ct + 10 ct + 5 ct + 2 ct

+ 2 ct = 39 ct

70 Cent

Meine Rechenaufgabe:

88 Cent

Meine Rechenaufgabe:

25 Cent

Meine Rechenaufgabe:

93 Cent

Meine Rechenaufgabe:

61 Cent

Meine Rechenaufgabe:

Wie geht es weiter?

Arbeite mit einem Partner.

1. **Setze die *Euro-Reihen* fort.**
2. **Denke dir selbst *Euro-Reihen* aus, die dein Partner weiterrechnen soll. ACHTUNG: Das Ende der Reihe soll in der Nähe der Zahl 100 liegen!**
3. **Überprüfe die Lösungen deines Partners.**

12 €,	15 €,	18 €,	21 €,	,	,
,	,	,	,	,	

20 €,	25 €,	30 €,	35 €,	,	,
,	,	,	,	,	

52 €,	54 €,	56 €,	58 €,	,	,
,	,	,	,	,	

,	,	,	,	,	,
,	,	,	,	,	

,	,	,	,	,	,
,	,	,	,	,	

,	,	,	,	,	,
,	,	,	,	,	

Wie geht es weiter?

Arbeite mit einem Partner.

1. **Setze die *Cent-Reihen* fort.**
2. **Denke dir selbst *Cent-Reihen* aus, die dein Partner weiterrechnen soll. ACHTUNG: Das Ende der Reihe soll in der Nähe der Zahl 100 liegen!**
3. **Überprüfe die Lösungen deines Partners.**

14 ct,	18 ct,	22 ct,	26 ct,	,	,
,	,	,	,	,	

31 ct,	33 ct,	35 ct,	37 ct,	,	,
,	,	,	,	,	

1 ct,	8 ct,	15 ct,	22 ct,	,	,
,	,	,	,	,	

,	,	,	,	,	,
,	,	,	,	,	

,	,	,	,	,	,
,	,	,	,	,	

,	,	,	,	,	,
,	,	,	,	,	

Das bedeuten die Abkürzungen:

€ = Euro

ct = Cent

1 € = 100 ct

BEISPIELE	
1 € + 1 ct	= 101 ct
1 € + 10 ct	= 110 ct
1 € + 25 ct	= 125 ct
1 € + 50 ct	= 150 ct
1 € + 75 ct	= 175 ct
2 € + 0 ct	= 200 ct
3 € + 0 ct	= 300 ct

Das merk ich mir!

Das bedeuten die Abkürzungen:

€ = Euro

ct = Cent

1 € = 100 ct

BEISPIELE		
1 € + 1 ct	= 101 ct	= 1,01 €
1 € + 10 ct	= 110 ct	= 1,10 €
1 € + 25 ct	= 125 ct	= 1,25 €
1 € + 50 ct	= 150 ct	= 1,50 €
1 € + 75 ct	= 175 ct	= 1,75 €
2 € + 0 ct	= 200 ct	= 2,00 €
3 € + 0 ct	= 300 ct	= 3,00 €

!

Rechne um.

Beispiel	
150 ct	= 1 € + 50 ct
50 ct	= 0 € + 50 ct

ct	€ +	ct
200 ct	= ______ € +	______ ct
100 ct	= ______ € +	______ ct
250 ct	= ______ € +	______ ct
300 ct	= ______ € +	______ ct
10 ct	= ______ € +	______ ct
25 ct	= ______ € +	______ ct
46 ct	= ______ € +	______ ct
290 ct	= ______ € +	______ ct
199 ct	= ______ € +	______ ct
500 ct	= ______ € +	______ ct
551 ct	= ______ € +	______ ct
515 ct	= ______ € +	______ ct
590 ct	= ______ € +	______ ct
59 ct	= ______ € +	______ ct
5 ct	= ______ € +	______ ct
1000 ct	= ______ € +	______ ct

Umrechnen II

Verbinde die passenden Beträge.

Beispiel	
120 ct	2 € + 60 ct
260 ct	1 € + 20 ct

ct	€ + ct
100 ct	1 € + 15 ct
110 ct	1 € + 99 ct
101 ct	6 € + 0 ct
150 ct	1 € + 0 ct
115 ct	3 € + 40 ct
199 ct	1 € + 1 ct
299 ct	1 € + 50 ct
99 ct	0 € + 99 ct
990 ct	2 € + 99 ct
909 ct	0 € + 35 ct
600 ct	9 € + 90 ct
340 ct	0 € + 1 ct
500 ct	9 € + 9 ct
5 ct	5 € + 0 ct
35 ct	1 € + 10 ct
1 ct	0 € + 5 ct

Umrechnen III

!

1. Rechne um.

ct	€ +	ct
50 ct	= ______ € +	______ ct
100 ct	= ______ € +	______ ct
150 ct	= ______ € +	______ ct
200 ct	= ______ € +	______ ct
250 ct	= ______ € +	______ ct
300 ct	= ______ € +	______ ct
350 ct	= ______ € +	______ ct

2. Wie geht es weiter? Setze die Reihe fort.

	= ______ € +	______ ct
	= ______ € +	______ ct
	= ______ € +	______ ct
	= ______ € +	______ ct
	= ______ € +	______ ct
	= ______ € +	______ ct
	= ______ € +	______ ct

!

1. Rechne um.

ct	€
225 ct	= 2 , 25 €
275 ct	= ____ , ____ €
325 ct	= ____ , ____ €
375 ct	= ____ , ____ €
425 ct	= ____ , ____ €
475 ct	= ____ , ____ €
525 ct	= ____ , ____ €

2. Wie geht es weiter? Setze die Reihe fort.

	= ____ , ____ €
	= ____ , ____ €
	= ____ , ____ €
	= ____ , ____ €
	= ____ , ____ €
	= ____ , ____ €
	= ____ , ____ €

Immer 10 Euro

!

Ergänze so, dass die Lösung immer 10 € ist.
Lege dabei einige Aufgaben mit Geld.

TIPP: Es hilft dir, Cent in Euro umzuwandeln.
Beispiel: 500 ct = 5 €

500 ct + ______ ct	= 10 €
100 ct + ______ ct	= 10 €
300 ct + ______ ct	= 10 €
800 ct + ______ ct	= 10 €
900 ct + ______ ct	= 10 €
150 ct + ______ ct	= 10 €
250 ct + ______ ct	= 10 €
10 € + ______ €	= 10 €
5 € + ______ €	= 10 €
1 € + 50 ct + ______ € + ______ ct	= 10 €
3 € + 50 ct + ______ € + ______ ct	= 10 €
5 € + 50 ct + ______ € + ______ ct	= 10 €
5 € + 90 ct + ______ € + ______ ct	= 10 €
6 € + 10 ct + ______ € + ______ ct	= 10 €

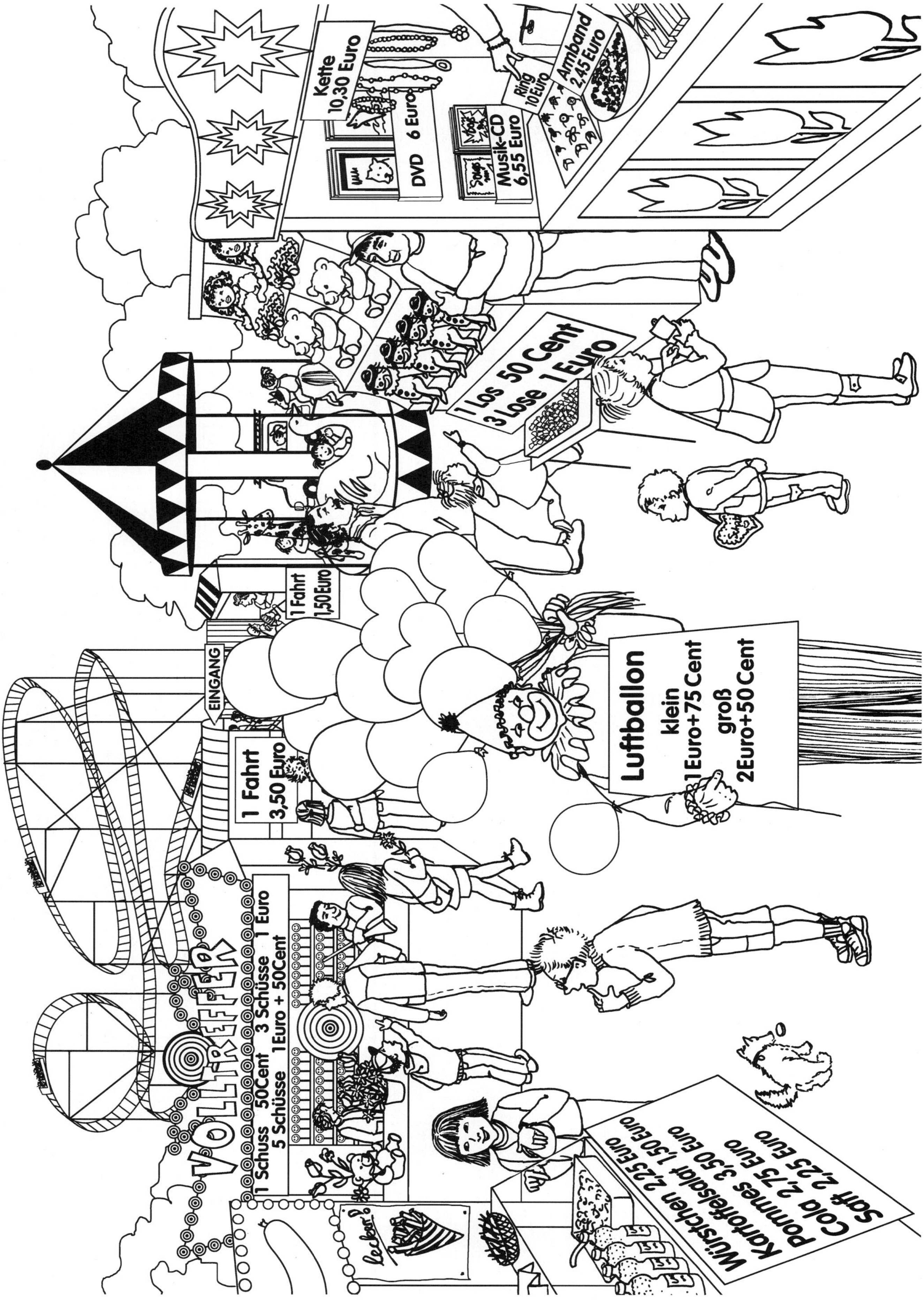
Kette 10,30 Euro
DVD 6 Euro
Musik-CD 6,55 Euro
Ring 10 Euro
Armband 2,45 Euro
1 Los 50 Cent
3 Lose 1 Euro
1 Fahrt 1,50 Euro
EINGANG
1 Fahrt 3,50 Euro
Luftballon
klein 1 Euro+75 Cent
groß 2Euro+50Cent
VOLLTREFFER
1 Schuss 50Cent
3 Schüsse 1 Euro
5 Schüsse 1Euro + 50Cent
lecker!
Saft 2,25 Euro
Cola 2,75 Euro
Pommes 3,50 Euro
Kartoffelsalat 1,50 Euro
Würstchen 2,25 Euro

Arbeite mit einem Partner.

1. Erzählt euch gegenseitig:
- **Was kann man auf dem Stadtfest machen?**
- **Was kostet das jeweils?**

2. Findet Rechenaufgaben zu dem Bild.

Unsere Rechenaufgaben:

Auf dem Stadtfest III

Arbeite mit einem Partner.

1. **Erzählt euch gegenseitig Rechengeschichten zu dem Bild.**
2. **Schreibe deine schönste Rechengeschichte auf.**
3. **Lass deinen Partner deine Rechengeschichte rechnen.**

Meine Rechengeschichte:

Die Rechenaufgabe(n) dazu:

Fabian, Ben, Emilie und Nadine gehen auf das Stadtfest.

1. Sieh dir genau an, was die vier Freunde auf dem Stadtfest machen.

2. Lege die Aufgaben mit Geld nach.

3. Trage die Lösungen in die Tabellen ein.

Fabian:

Tätigkeit	Preis	bezahlt mit	Wechselgeld
4 Lose kaufen			
1 DVD kaufen			
1 Würstchen und 1 Portion Pommes essen			

Ben:

Tätigkeit	Preis	bezahlt mit	Wechselgeld
6 Mal schießen am Schießstand			
1 Musik-CD kaufen		 	
2 Mal Achterbahn fahren			

Fabian, Ben, Emilie und Nadine gehen auf das Stadtfest.

1. **Sieh dir genau an, was die vier Freunde auf dem Stadtfest machen.**
2. **Lege die Aufgaben mit Geld nach.**
3. **Trage die Lösungen in die Tabellen ein.**

Emilie:

Tätigkeit	Preis	bezahlt mit	Wechselgeld
2 Ringe kaufen			
1 Mal Achterbahn fahren			
1 großen Luftballon kaufen			

Nadine:

Tätigkeit	Preis	bezahlt mit	Wechselgeld
1 Los kaufen			
1 Armband und 1 Kette kaufen			
1 Portion Pommes essen			

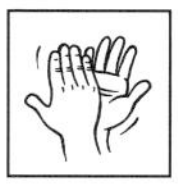

Arbeitet zu dritt oder zu viert.

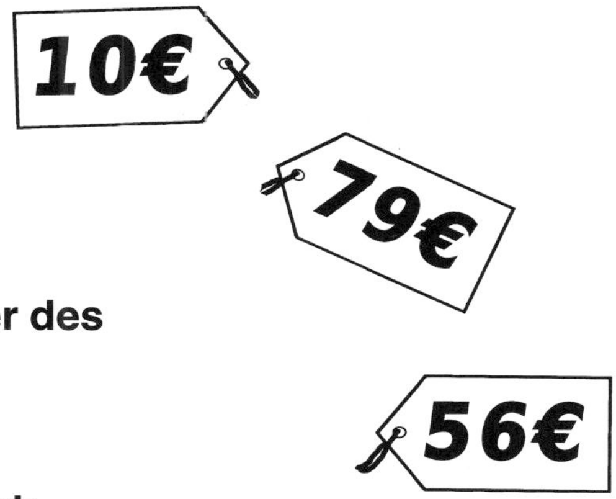

Macht zusammen ein Rollenspiel.

1. Teilt die Personen ein in: 1 Verkäufer, 1 Besucher des Stadtfests, 1 oder 2 Rechenbegleiter.

2. Spielt gemeinsam die Situation auf dem Stadtfest:
1 Verkäufer und 1 Besucher spielen mit Geld.
Der Rechenbegleiter hilft beim Rechnen und kontrolliert.

Platz für Notizen:

Geldbeträge schreiben und vergleichen I

1. Zähle das Geld in den Portemonnaies zusammen.
   Notiere den Betrag.

2. Mit welchem Geld kannst du *mehr* kaufen?
   Kreuze an.

a) ☐ 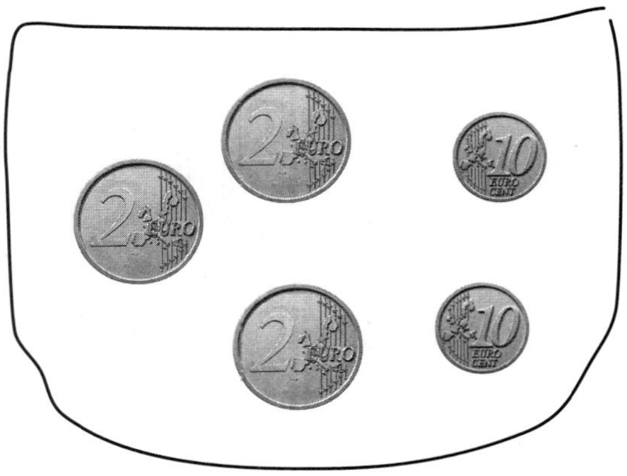 ☐ 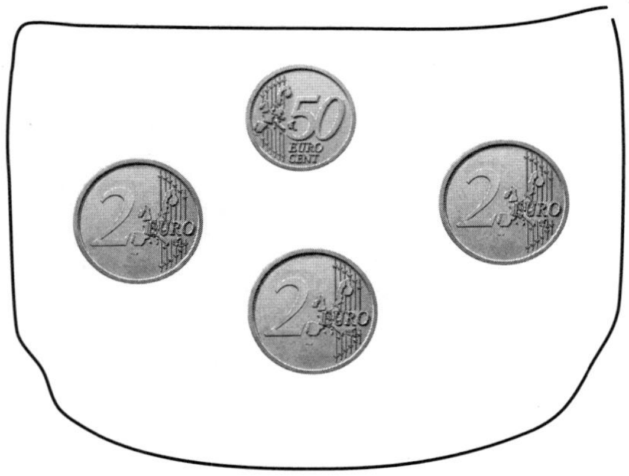

b) ☐ 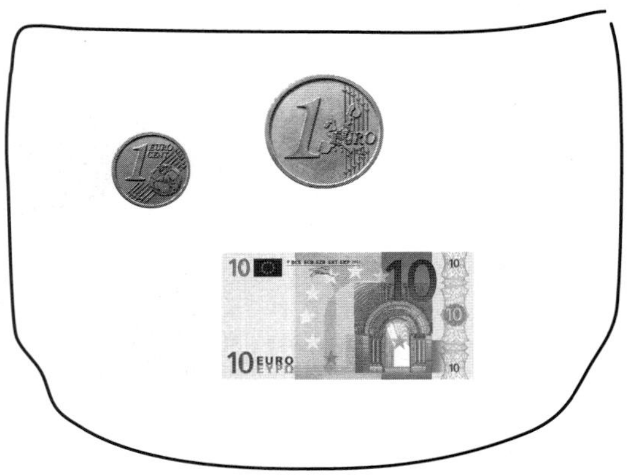 ☐ 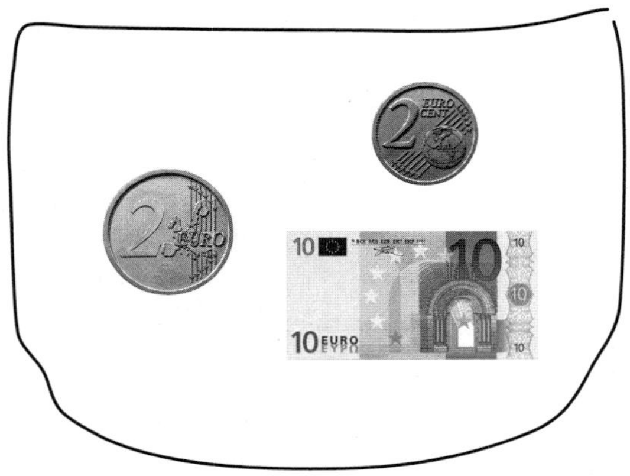

c) ☐ 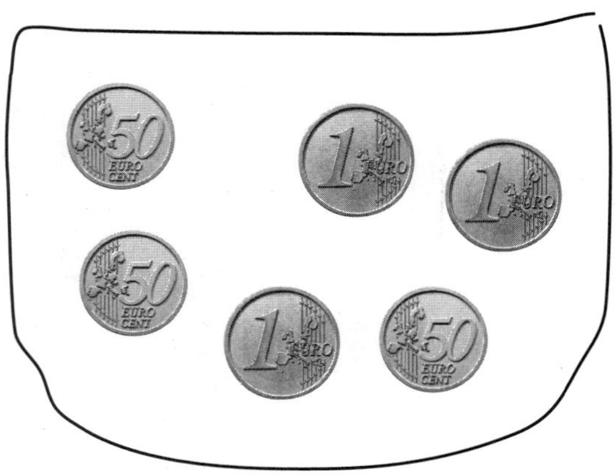 ☐ 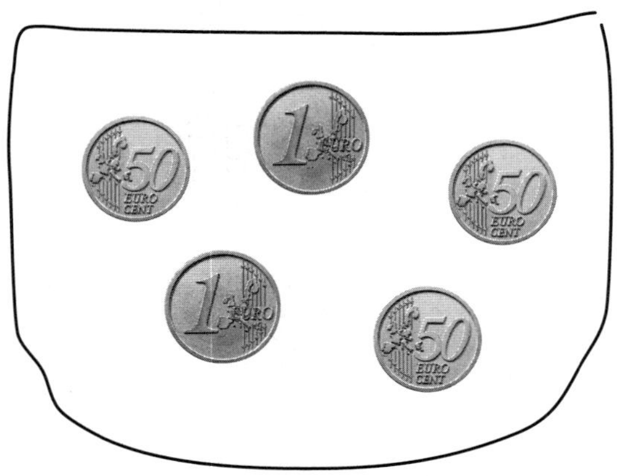

Geldbeträge schreiben und vergleichen II

1. **Zähle das Geld in den Portemonnaies zusammen.**
   Notiere den Betrag.

2. **Mit welchem Geld kannst du *weniger* kaufen?**
   Kreuze an.

a) ☐ 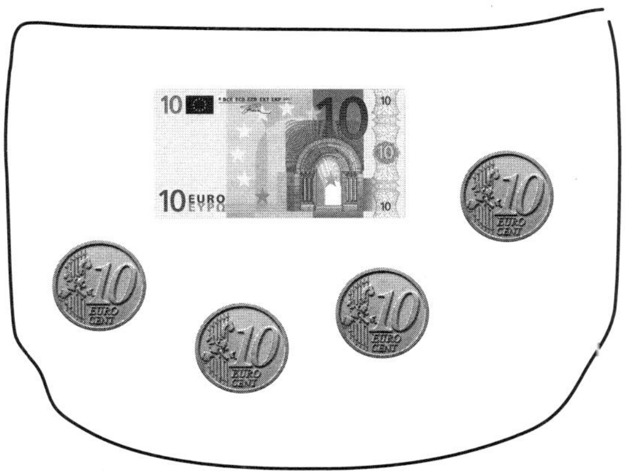 ☐ 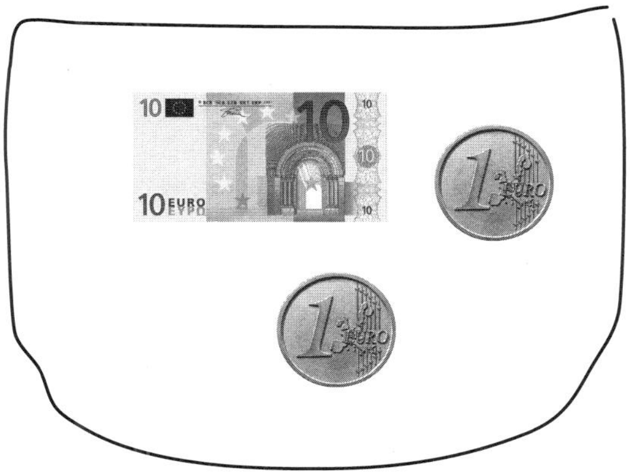

b) ☐ 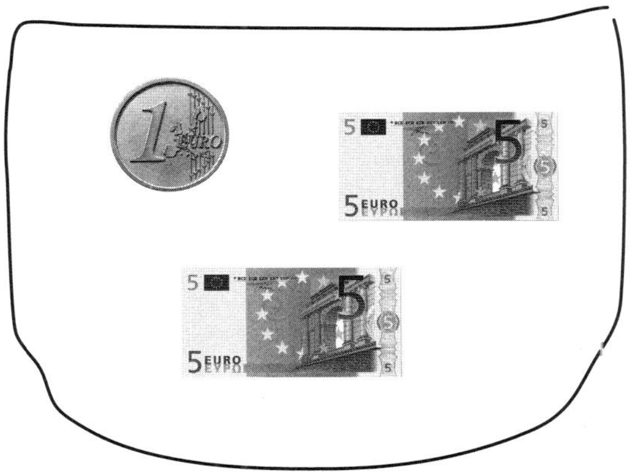 ☐ 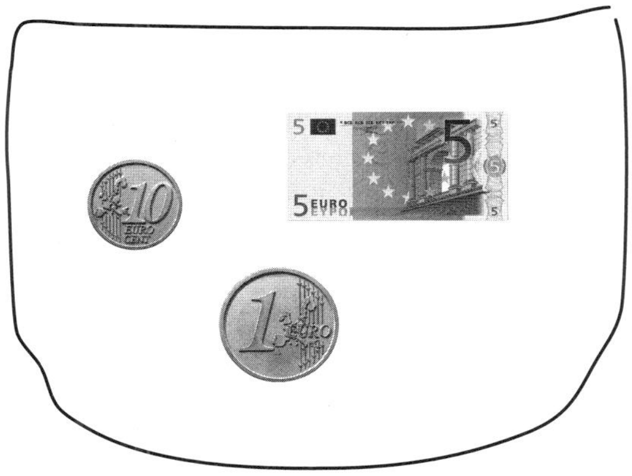

c) ☐ 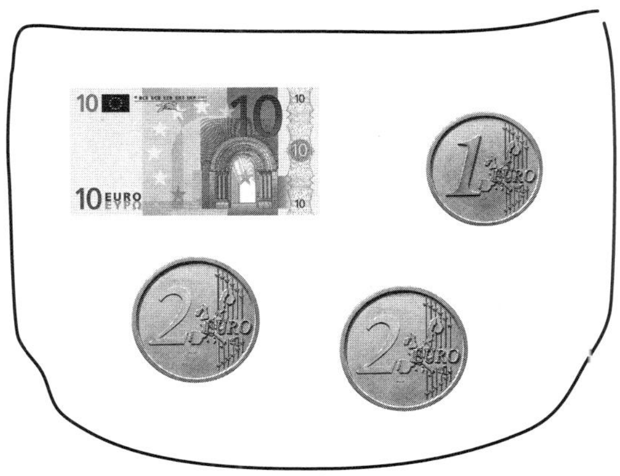 ☐ 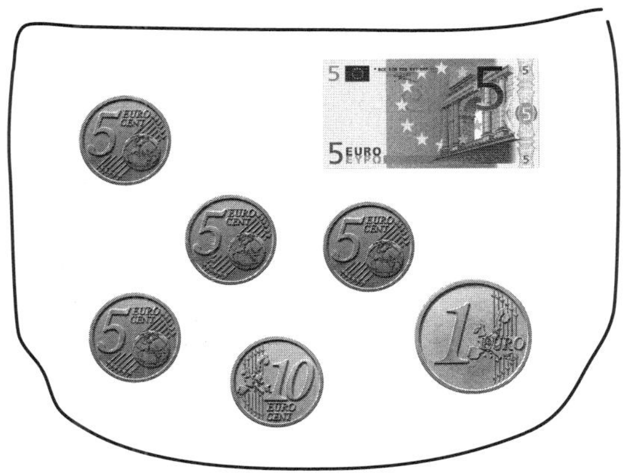

1. **Zähle das Geld in den Portemonnaies zusammen. Notiere den Betrag.**

2. **Mit welchem Geld kannst du *mehr* kaufen? Kreuze an.**

a)

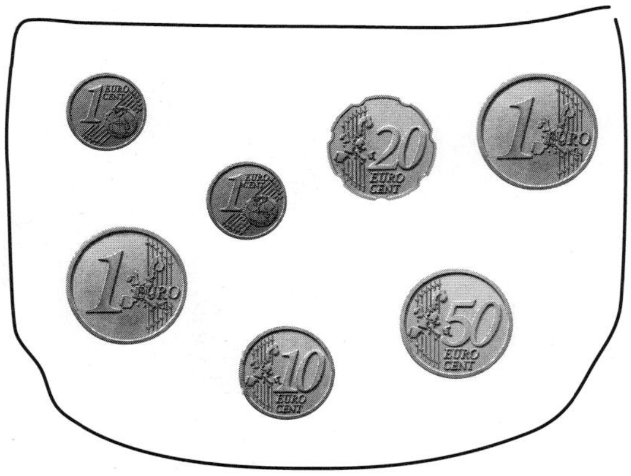

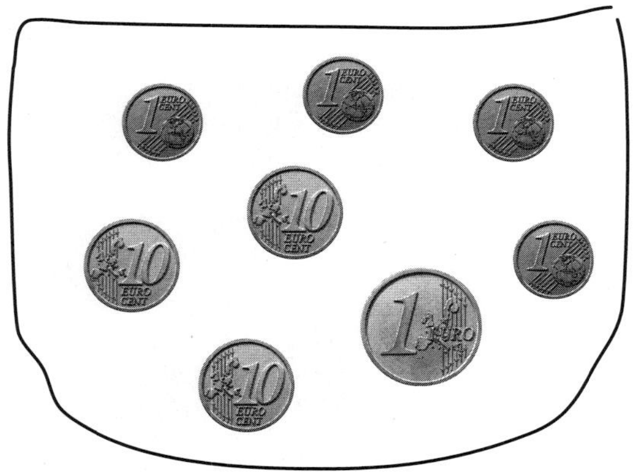

b)

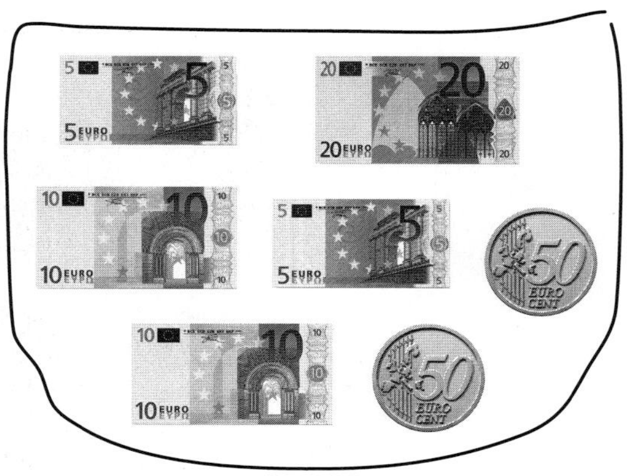

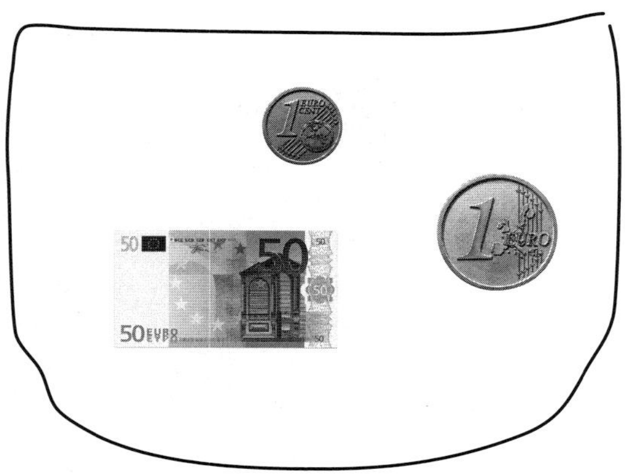

c)

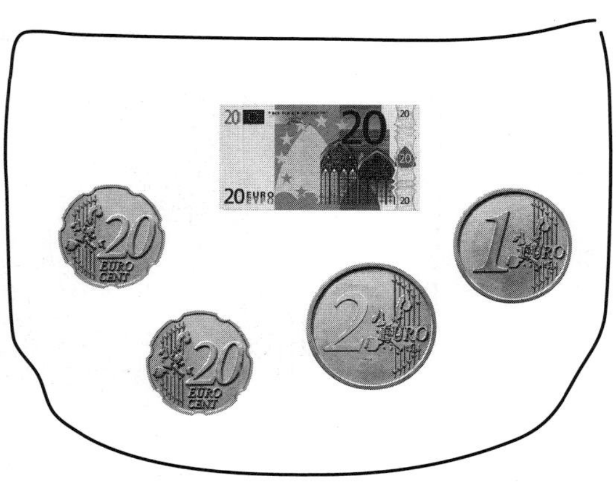

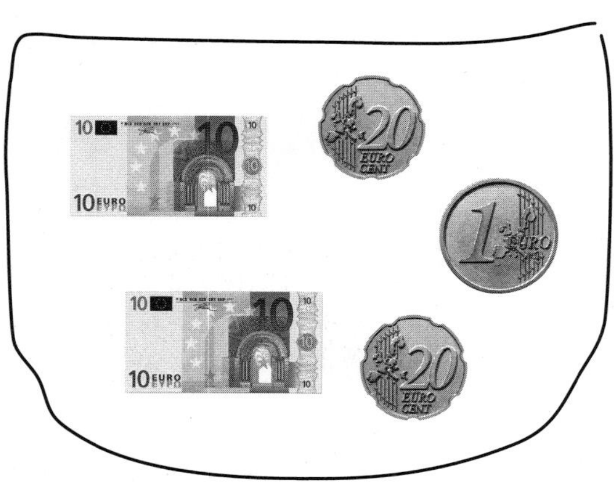

Geldbeträge schreiben und vergleichen IV

**1. Zähle das Geld in den Portemonnaies zusammen.
Notiere den Betrag.**

**2. Mit welchem Geld kannst du *weniger* kaufen?
Kreuze an.**

a) ☐

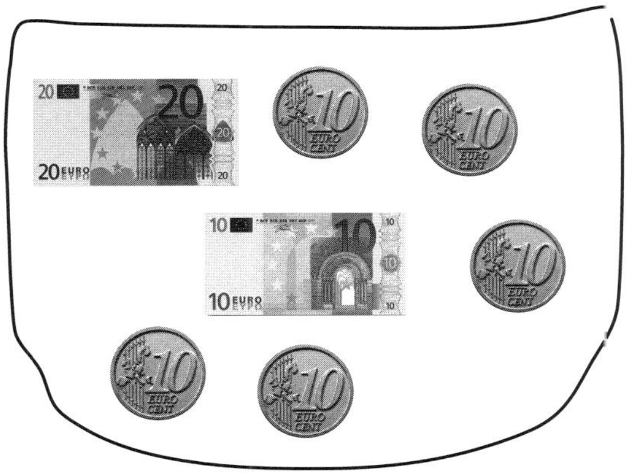

☐

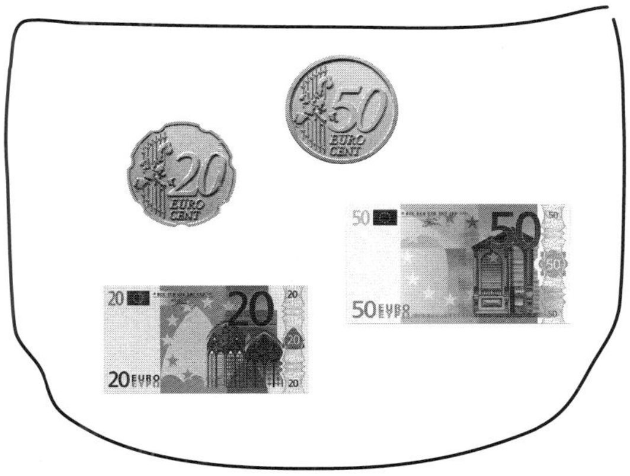

b) ☐

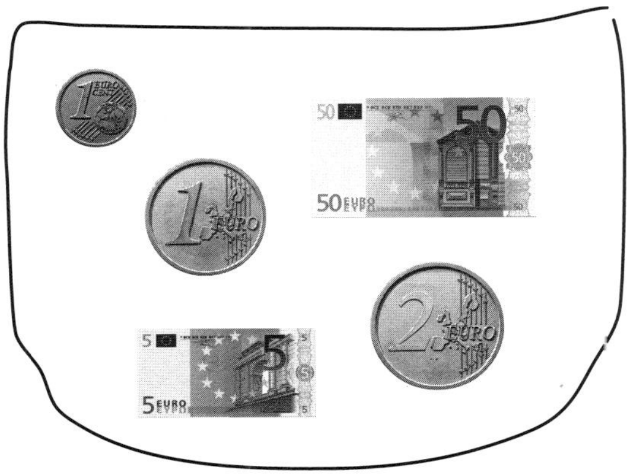

☐

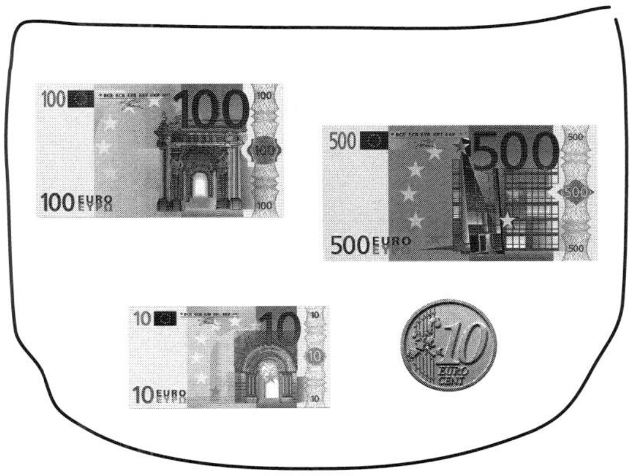

c) ☐

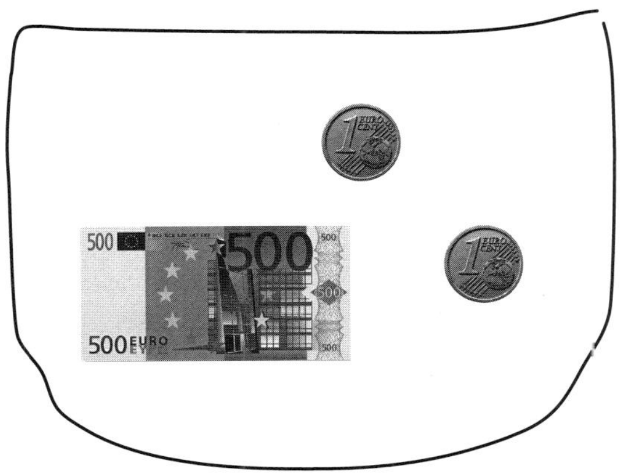

☐

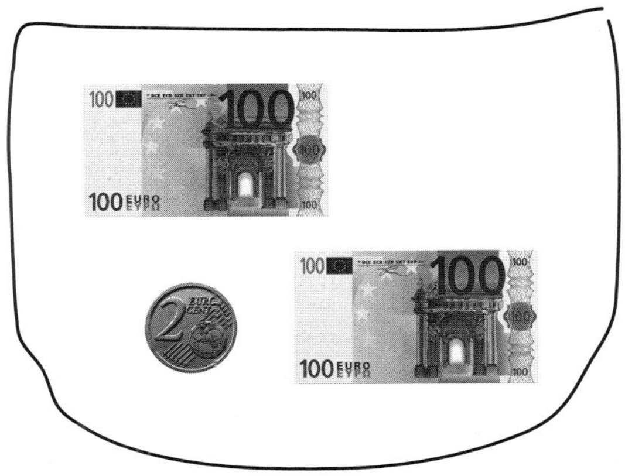

Geldbeträge schreiben und vergleichen V

Arbeite mit einem Partner.

1. **Lege oder stempel drei Geldbeträge mit Euro und Cent. Benutze zum Stempeln ein leeres Blatt.**
2. **Dein Partner rechnet die Geldbeträge aus und sortiert die Beträge von klein bis groß.**
3. **Kontrolliere, ob dein Partner die Geldbeträge richtig gerechnet und sortiert hat.**
4. **Trage die Ergebnisse in die Tabelle ein.**

Geldbetrag 1 <	Geldbetrag 2 <	Geldbetrag 3
15,50 Euro	19,20 Euro	19,30 Euro

Geldbeträge schreiben und vergleichen VI

1. **Lege oder stempel zwei Geldbeträge mit Euro und Cent.**
   Benutze zum Stempeln ein leeres Blatt.
2. **Trage die Geldbeträge in die Tabelle ein und vergleiche die Größe der Beträge.**
   Verwende die Zeichen <, > oder =.

Geldbetrag 1	</>/=	Geldbetrag 3
15,75 Euro	<	15,80 Euro

Preise I

In der Tabelle findest du Gegenstände, die man kaufen kann.

1. Schätze den Preis.

2. Sieh in einem Geschäft, Katalog oder im Internet nach, was die Gegenstände genau kosten.

3. Kennst du einen Gegenstand, der ungefähr (≈) so viel kostet?

Gegenstände	**Preis *geschätzt***	***Kauf*preis**	**Gegenstand, der ungefähr (≈) so viel kostet**
1 Hose			
1 Pullover			
1 Paar Turnschuhe			
1 Computer			
1 Buch mit dem Titel: ______ ______			
1 Eis Sorte: ______			

4. Denk dir selbst Gegenstände aus.

In der Tabelle findest du Lebensmittel, die man kaufen kann.

1. Schätze den Preis.
2. Sieh in einem Geschäft nach dem genauen Preis. Beachte dabei, dass es verschiedene Marken mit verschiedenen Preisen gibt. Schreibe die Preise von verschiedenen Marken auf.

Lebensmittel	**Preis *geschätzt***	***Kauf*preis mit Marke**	***Kauf*preis mit Marke**	***Kauf*preis mit Marke**
500 g Nudeln				
1 Tiefkühlpizza				
1 kg Äpfel				
1 Packung Nudelsoße				

3. Denk dir selbst Lebensmittel aus.

Preise III

Aufgabe 1 zu einem Einkauf:

1. **Sieh dir einen Kassenbon an.**
2. **Sortiere die gekauften Gegenstände der Reihe nach von günstig bis teuer.**

günstig

teuer

Aufgabe 2 zu einem Einkauf:

1. **Sieh dir einen Kassenbon an. Der Endbetrag fehlt.**
2. **Überschlage, was der Einkauf ungefähr (≈) kostet.**
3. **Rechne danach den Endbetrag genau aus. Schreibe die Rechnung dazu auf.**

Endbetrag überschlagen:

Endbetrag genau ausgerechnet:

Einen Einkaufszettel schreiben:

1. Schreibe 5 Gegenstände auf, die du gerne kaufen möchtest.
2. Schätze den Preis der einzelnen Gegenstände.
3. Sieh in einem Geschäft, Katalog oder im Internet nach, was die Gegenstände genau kosten.
4. Überschlage, was der ganze Einkauf ungefähr (≈) kostet.
5. Rechne danach den Endbetrag genau (=) aus.

Gegenstand	Preis *geschätzt*	*Kauf*preis

Endbetrag überschlagen: ≈ ______________________________

Endbetrag ausgerechnet: = ______________________________

Am Schulkiosk I

In der Tabelle findest du Gegenstände, die man am Schulkiosk kaufen kann.

1. Vergleiche die Preise mit den Preisen in einem Supermarkt.
(Name des Supermarkts: ______________________________)

2. Vergleiche die Preise mit den Preisen an einem normalen Kiosk oder beim Bäcker. (Name des Kiosks/Bäckers: ______________________________)

Gegenstände	Preis am Schulkiosk	Preis im Supermarkt	Preis am Kiosk/ beim Bäcker
1 Müsliriegel	20 Cent		
1 halbes belegtes Brötchen	30 Cent		
1 Joghurt	35 Cent		
1 Apfel	25 Cent		
1 kleiner Kakao	30 Cent		
1 kleiner Apfelsaft	40 Cent		

Wenn ihr selbst einen Schulkiosk habt:

Was kann man an eurem Schulkiosk noch kaufen?

3. Notiere 4 Gegenstände und den dazugehörigen Preis.

4. Vergleiche die Preise mit den Preisen in einem Supermarkt und am Kiosk/beim Bäcker.

Gegenstände	Preis	Preis im Supermarkt	Preis am Kiosk/ beim Bäcker

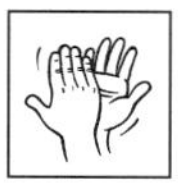

Arbeite mit einem Partner.

1. **Schreibe eine Liste mit 6 Lebensmitteln, die ihr am Schulkiosk verkauft.**
2. **Schreibe auf, wie viel ihr jeweils von den Lebensmitteln verkauft.**
3. **Rechne den jeweiligen Betrag aus.**

Hinweise: Verwende ein extra Blatt, wenn du Platz für deine Rechnung brauchst. Wenn ihr keinen eigenen Schulkiosk habt, dann benutzt die Lebensmittel von S. 86.

Lebensmittel	Anzahl der verkauften Lebensmittel	Preis der verkauften Lebensmittel

4. **Wie viel Geld habt ihr durch den Verkauf aller 6 Lebensmittel ungefähr (≈) eingenommen?**

Wie viel *Euro* (€) sind das?
Rechne zusammen.

a) 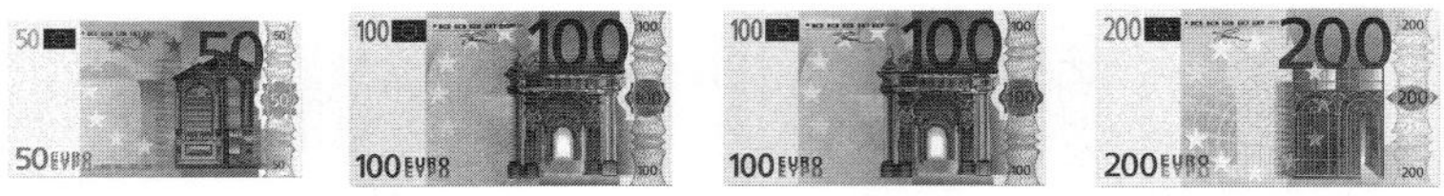 450 Euro = 450 €

b)  ____________________

c)  ____________________

d)  ____________________

e) 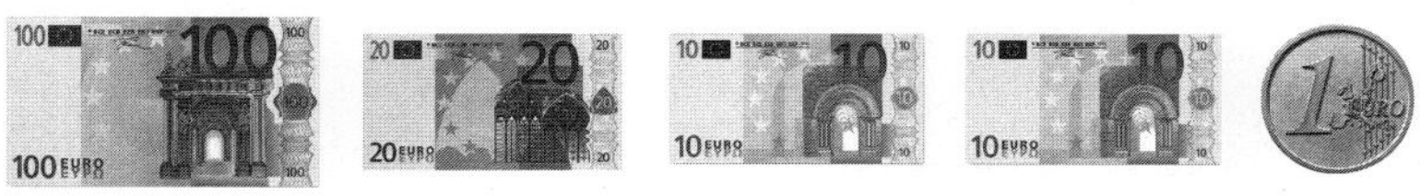 ____________________

f) 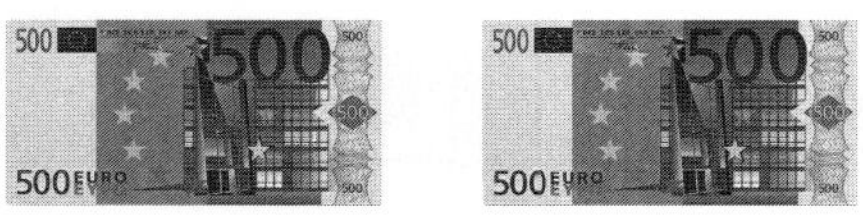 ____________________

g)  ____________________

h) 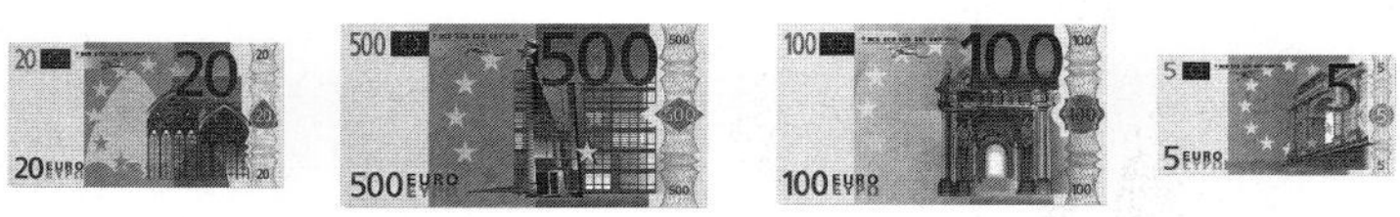 ____________________

i)  ____________________

Heide Hildebrandt: Größen aktiv entdecken: Geld

Wie viel *Cent* (ct) sind das?
Rechne zusammen.

a)		175 Cent = 175 ct
b)		
c)		
d)		
e)		
f)		
g)		
h)		
i)		

Du hast einen 500-Euro-Schein.

Wie viel Geld bekommst du beim Möbelkauf jeweils zurück?

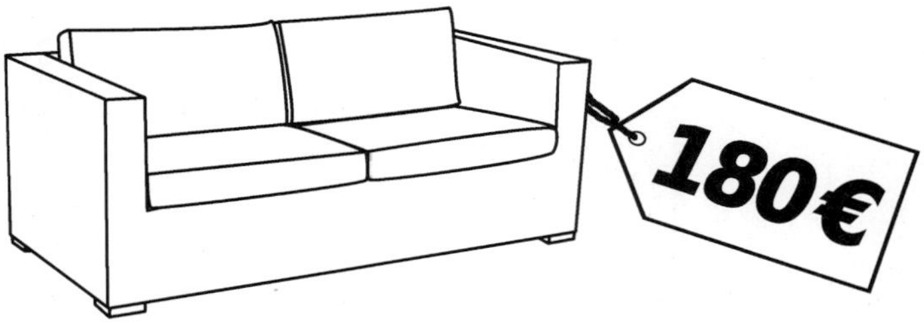

Das bekomme ich zurück:

____

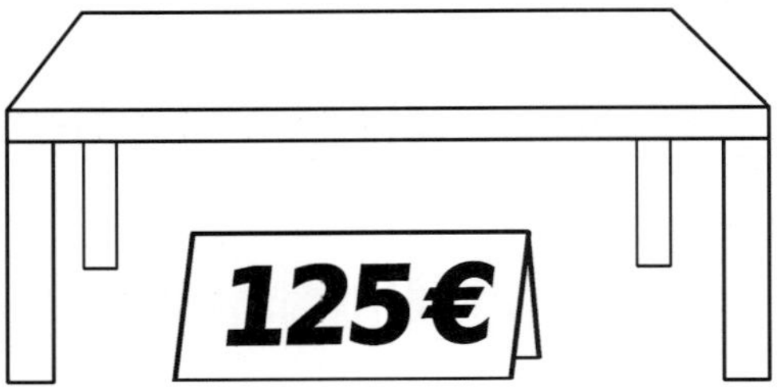

Das bekomme ich zurück:

____

Das bekomme ich zurück:

____

Das bekomme ich zurück:

____

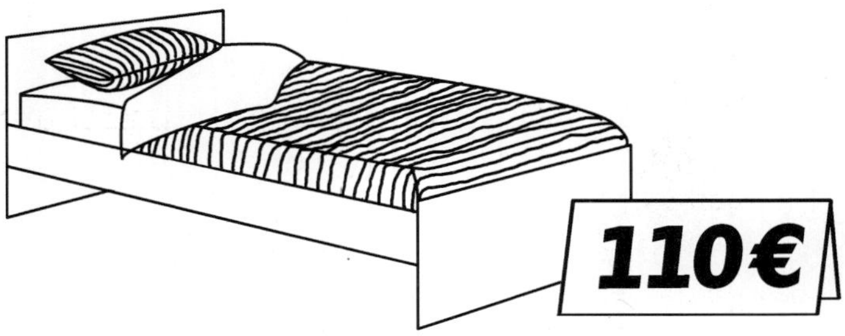

Das bekomme ich zurück:

____

Du kaufst neue Möbel.
Rechne aus, was du bezahlen musst.

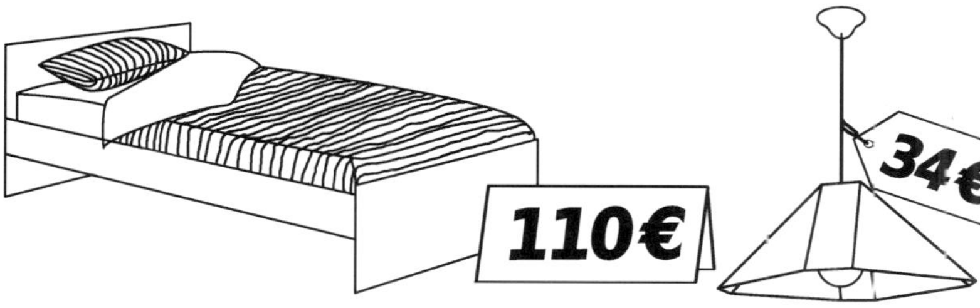

Das muss ich bezahlen:

Das muss ich bezahlen:

Das muss ich bezahlen:

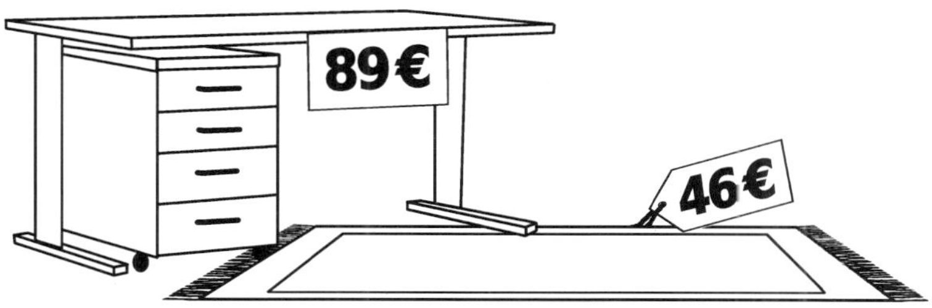

Das muss ich bezahlen:

Das muss ich bezahlen:

Arbeite mit einem Partner.

1. **Lege oder stempel den angegebenen Betrag.**
2. **Dein Partner überprüft deine Lösung.**
3. **Schreibe die passende Rechenaufgabe dazu.**
4. **Vergleicht eure Ergebnisse. Haben du und dein Partner verschiedene Lösungen?**

546 Euro

Meine Rechenaufgabe:

500 € + 20 € + 20 € + 5 €

+ 1 € = 546 €

651 Euro

Meine Rechenaufgabe:

1000 Euro

Meine Rechenaufgabe:

999 Euro

Meine Rechenaufgabe:

555 Euro

Meine Rechenaufgabe:

723 Euro

Meine Rechenaufgabe:

Arbeite mit einem Partner.

1. **Lege oder stempel den angegebenen Betrag.**
2. **Dein Partner überprüft deine Lösung.**
3. **Schreibe die passende Rechenaufgabe dazu.**
4. **Vergleicht eure Ergebnisse. Haben du und dein Partner verschiedene Lösungen?**

138 Cent = 1,38 €

Meine Rechenaufgabe:

50 ct + 50 ct + 20 ct + 10 ct + 5 ct

+ 2 ct + 1 ct = 138 ct

232 Cent = 2,32 €

Meine Rechenaufgabe:

119 Cent = 1,19 €

Meine Rechenaufgabe:

200 Cent = 2,00 €

Meine Rechenaufgabe:

400 Cent = 4,00 €

Meine Rechenaufgabe:

150 Cent = 1,50 €

Meine Rechenaufgabe:

Wie geht es weiter?

Arbeite mit einem Partner.

1. **Setze die *Euro-Reihen* fort.**
2. **Denke dir selbst *Euro-Reihen* aus, die dein Partner weiterrechnen soll. ACHTUNG: Das Ende der Reihe muss kleiner oder gleich 1000 sein!**
3. **Überprüfe die Lösungen deines Partners.**

154 €,	159 €,	164 €,	169 €,	,	,
,	,	,	,	,	

200 €,	230 €,	260 €,	290 €,	,	,
,	,	,	,	,	

401 €,	411 €,	421 €,	431 €,	,	,
,	,	,	,	,	

,	,	,	,	,	,
,	,	,	,	,	

,	,	,	,	,	,
,	,	,	,	,	

,	,	,	,	,	,
,	,	,	,	,	

Wie geht es weiter?

Arbeite mit einem Partner.

1. **Setze die *Cent-Reihen* fort.**
2. **Denke dir selbst *Cent-Reihen* aus, die dein Partner weiterrechnen soll. ACHTUNG: Das Ende der Reihe muss kleiner oder gleich 1000 sein!**
3. **Überprüfe die Lösungen deines Partners.**

450 ct,	**500 ct**,	**550 ct**,	**600 ct**,	,	,
,	,	,	,	,	

99 ct,	**101 ct**,	**103 ct**,	**105 ct**,	,	,
,	,	,	,	,	

660 ct,	**680 ct**,	**700 ct**,	**720 ct**,	,	,
,	,	,	,	,	

,	,	,	,	,	,
,	,	,	,	,	

,	,	,	,	,	,
,	,	,	,	,	

,	,	,	,	,	,
,	,	,	,	,	

Möbel kaufen I

Richte dein Zimmer zu Hause ein.
Du darfst dir Möbel und 2 elektronische Geräte deiner Wahl aussuchen.
Der Preis spielt keine Rolle!

1. **Suche in verschiedenen Katalogen und im Internet nach Angeboten.**
2. **Schreibe die Möbel und die elektronischen Geräte mit dem jeweiligen Preis auf, die du kaufen möchtest.**

> **Hinweis:** Miss die Größe deines Zimmers, damit die Möbel auch passen.

3. **Überschlage: Wie viel bezahlst du ungefähr (≈) für alle Möbel und Geräte zusammen?**

4. **Rechne genau: Wie viel bezahlst du ganz genau (=) für alle Möbel und Geräte zusammen?**

Richte dein Zimmer zu Hause ein.
Du darfst dir Möbel und 2 elektronische Geräte deiner Wahl aussuchen.
Achte darauf, dass du möglichst günstige Möbel und Geräte kaufst, da du nicht so viel Geld hast!

1. **Suche in verschiedenen Katalogen und im Internet nach möglichst günstigen Angeboten.**
2. **Schreibe die Möbel und die elektronischen Geräte mit dem jeweiligen Preis auf, die du kaufen möchtest.**

> **Hinweis:** Miss die Größe deines Zimmers, damit die Möbel auch passen.

3. **Überschlage: Wie viel bezahlst du ungefähr (≈) für alle günstigen Möbel und Geräte zusammen?**

4. **Rechne genau: Wie viel bezahlst du ganz genau (=) für alle günstigen Möbel und Geräte zusammen?**

Ein Einkauf IV (Rechnen bis 20)

Schreibe auf, wie viel Geld jeder für seinen Einkauf bezahlen muss.

a)

6 € + 5 € = 11 €

Das Mädchen muss 11 € bezahlen.

b)

8 € + 3 € = 11 €

Das Junge muss 11 € bezahlen.

c)

12 € + 1 € + 1 € + 1 € = 15 €

Die Frau muss 15 € bezahlen.

d)

15 € + 2 € = 17 €

Der Mann muss 17 € bezahlen.

Ein Einkauf V (Rechnen bis 20)

Jeder hat 20 Euro im Portemonnaie.
Schreibe auf, wie viel Geld nach dem Einkauf übrig bleibt.

a)

2 € + 10 € = 12 €
20 € - 12 € = 8 €

Es bleiben 8 € übrig.

b)

1 € + 5 € = 6 €
20 € - 6 € = 14 €

Es bleiben 14 € übrig.

c)

20 € - 15 € = 5 €

Es bleiben 5 € übrig.

d)

3 € + 12 € = 15 €
20 € - 15 € = 5 €

Es bleiben 5 € übrig.

Ein Einkauf VI (Rechnen bis 100)

Schreibe auf, wie viel Geld jeder für seinen Einkauf bezahlen muss.

a)

10 € + 5 € + 5 € = 20 €

Das Mädchen muss 20 € bezahlen.

b)

30 € + 50 € = 80 €

Der Junge muss 80 € bezahlen.

c)

12 € + 8 € + 1 € + 1 € + 6 € = 28 €

Die Frau muss 28 € bezahlen.

d)

15 € + 8 € = 23 €

Der Mann muss 23 € bezahlen.

Ein Einkauf VII (Rechnen bis 100)

Jeder hat 100 Euro im Portemonnaie.
Schreibe auf, wie viel Geld nach dem Einkauf übrig bleibt.

a)

3 € + 2 € + 10 € = 15 €
100 € - 15 € = 85 €

Es bleiben 85 € übrig.

b)

50 € + 8 € = 58 €
100 € - 58 € = 42 €

Es bleiben 42 € übrig.

c)

30 € + 25 € = 55 €
100 € - 55 € = 45 €

Es bleiben 45 € übrig.

d)

30 € + 15 € = 45 €
100 € - 45 € = 55 €

Es bleiben 55 € übrig.

Geldbeträge schreiben und vergleichen I (Rechnen bis 20 mit Euro)

1. Zähle das Geld in den Portemonnaies zusammen.
   Notiere den Betrag.
2. Mit welchem Geld kannst du *mehr* kaufen?
   Kreuze an.

a)
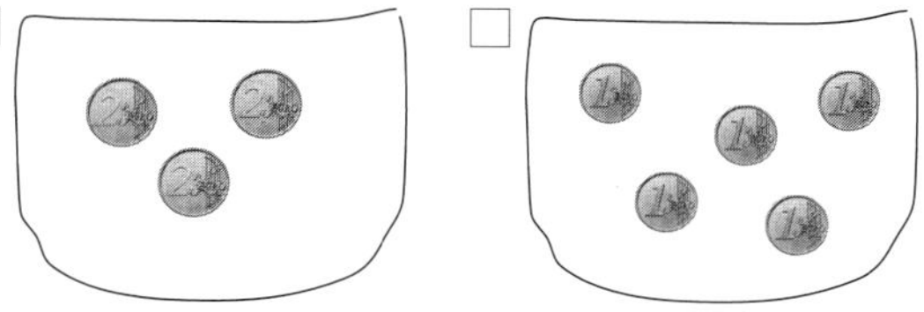
☒ 6 € ☐ 5 €

b)
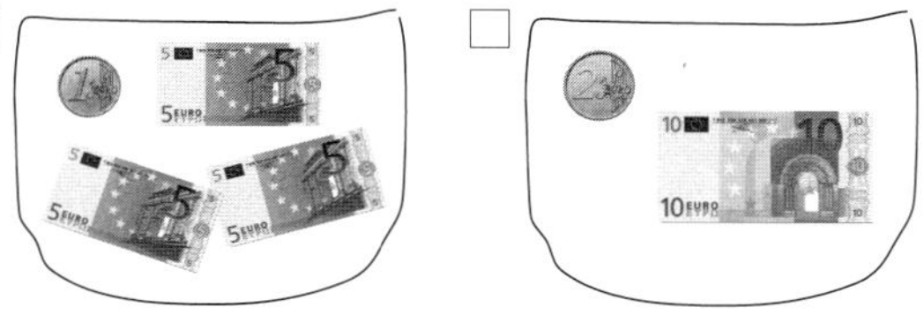
☒ 16 € ☐ 12 €

c)
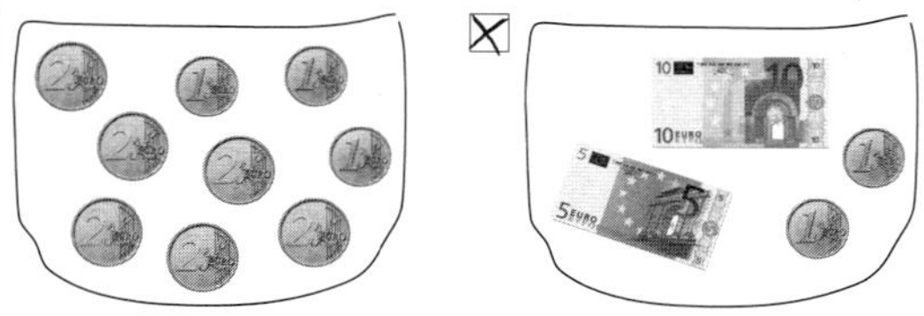
☐ 15 € ☒ 17 €

Geldbeträge schreiben und vergleichen II (Rechnen bis 20 mit Euro)

1. Zähle das Geld in den Portemonnaies zusammen.
   Notiere den Betrag.
2. Mit welchem Geld kannst du *weniger* kaufen?
   Kreuze an.

a)
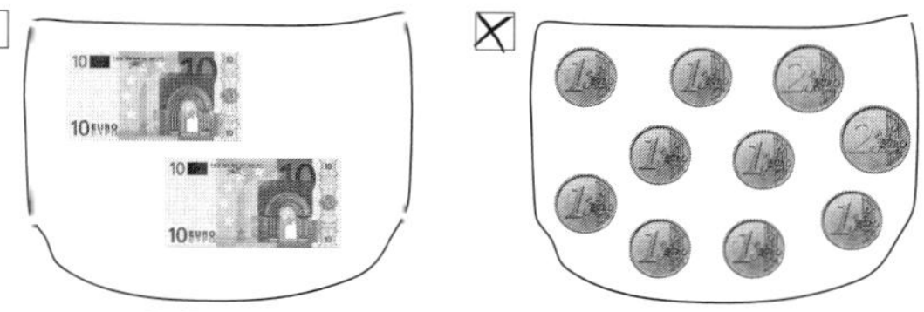
☐ 20 € ☒ 12 €

b)
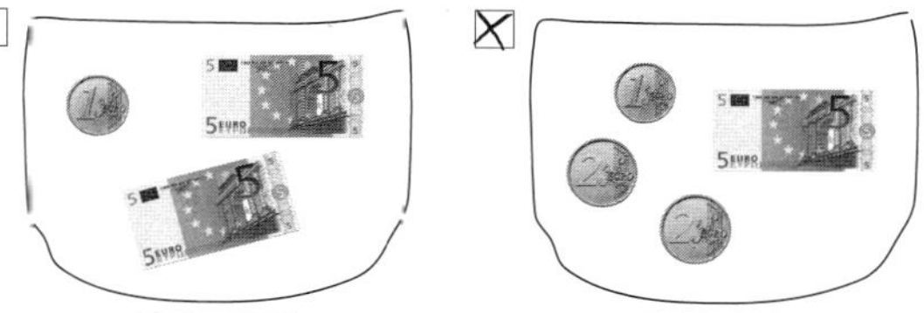
☐ 11 € ☒ 10 €

c)
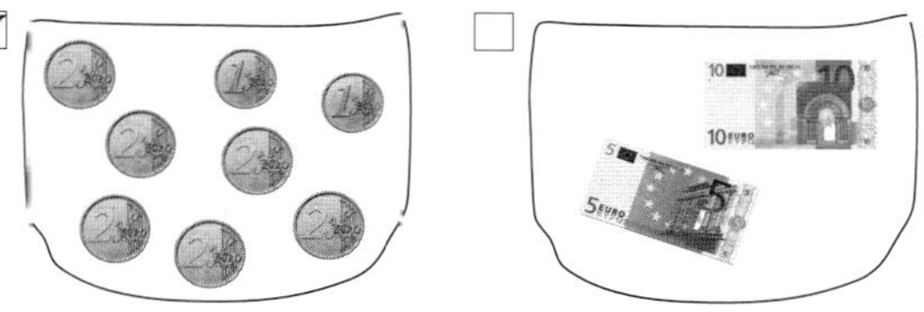
☒ 14 € ☐ 15 €

Geldbeträge schreiben und vergleichen III (Rechnen bis 100 mit Euro)

1. Zähle das Geld in den Portemonnaies zusammen.
   Notiere den Betrag.
2. Mit welchem Geld kannst du *mehr* kaufen?
   Kreuze an.

a)
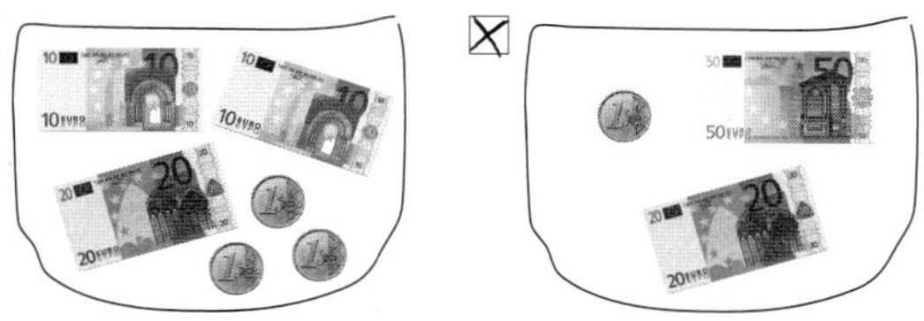
☐ 43 € ☒ 71 €

b)
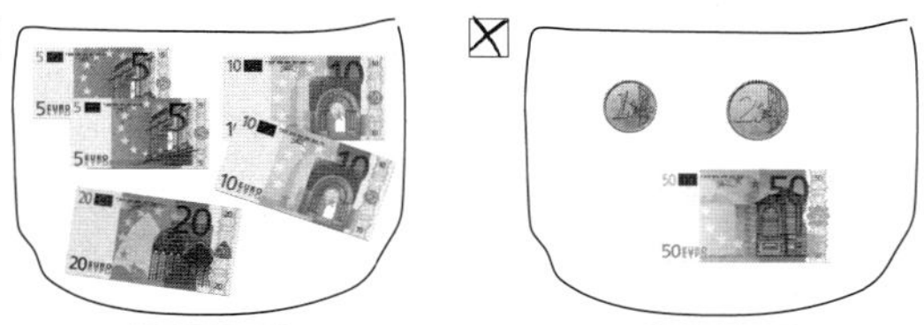
☐ 50 € ☒ 53 €

c)
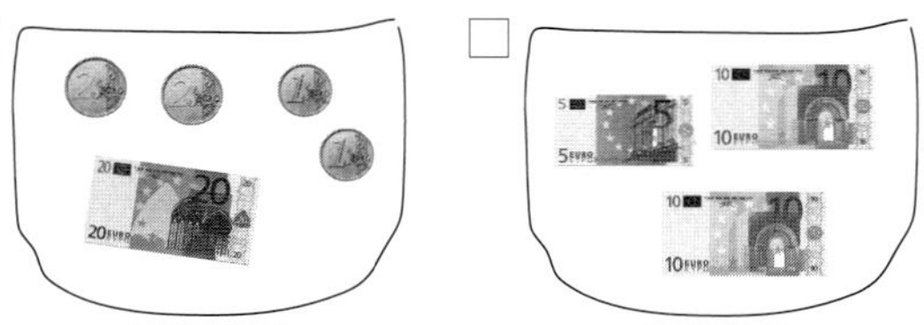
☒ 26 € ☐ 25 €

Geldbeträge schreiben und vergleichen IV (Rechnen bis 100 mit Euro)

1. Zähle das Geld in den Portemonnaies zusammen.
   Notiere den Betrag.
2. Mit welchem Geld kannst du *weniger* kaufen?
   Kreuze an.

a)
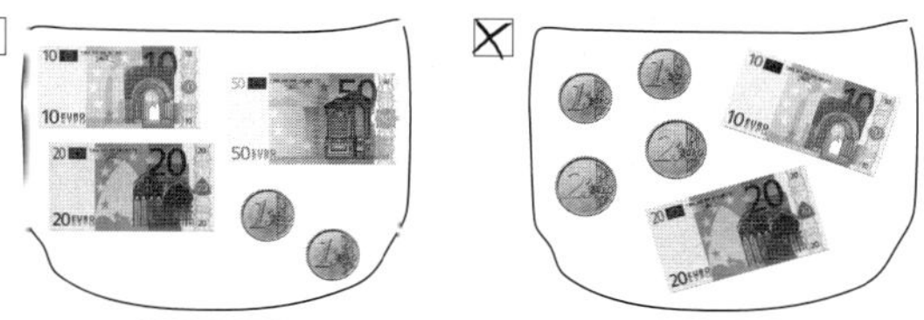
☐ 82 € ☒ 36 €

b)
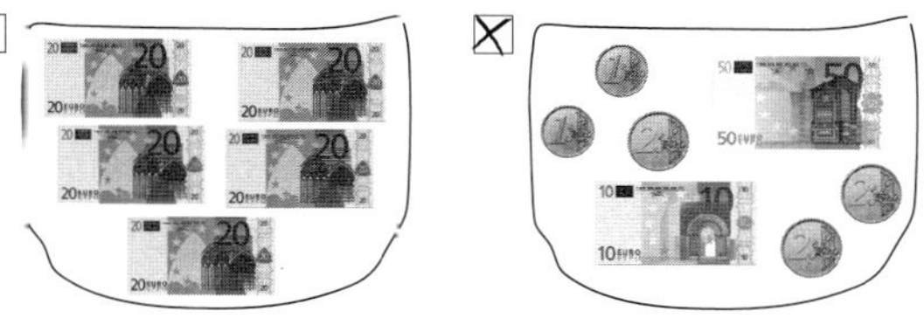
☐ 100 € ☒ 68 €

c)
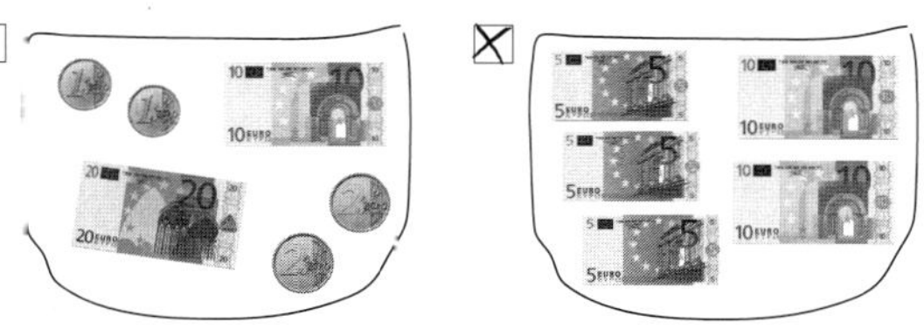
☐ 36 € ☒ 35 €

Geldbeträge schreiben und vergleichen V (Rechnen bis 1000 mit Euro)

1. Zähle das Geld in den Portemonnaies zusammen.
   Notiere den Betrag.
2. Mit welchem Geld kannst du *mehr* kaufen?
   Kreuze an.

a) ☐ ☒

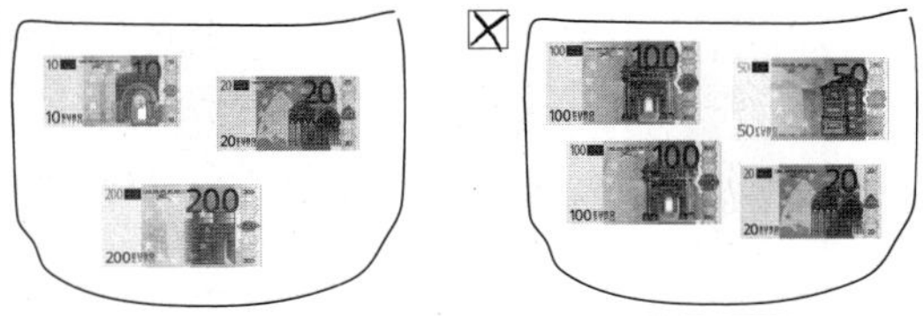

230 € | 270 €

b) ☒ ☐

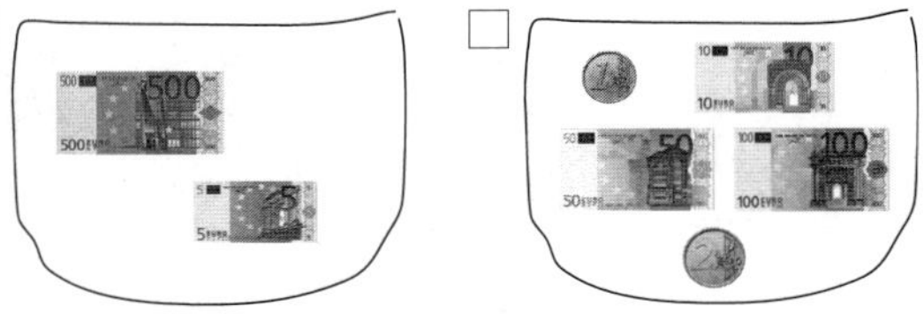

505 € | 163 €

c) ☒ ☐

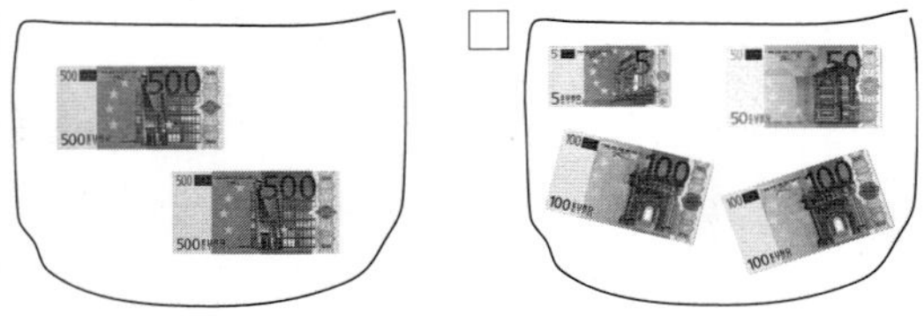

1000€ | 255 €

Geldbeträge schreiben und vergleichen VI (Rechnen bis 1000 mit Euro)

1. Zähle das Geld in den Portemonnaies zusammen.
   Notiere den Betrag.
2. Mit welchem Geld kannst du *weniger* kaufen?
   Kreuze an.

a) ☒ ☐

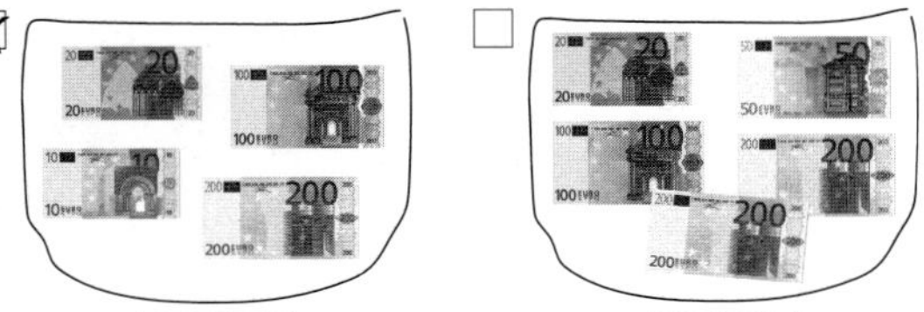

330 € | 570 €

b) ☐ ☒

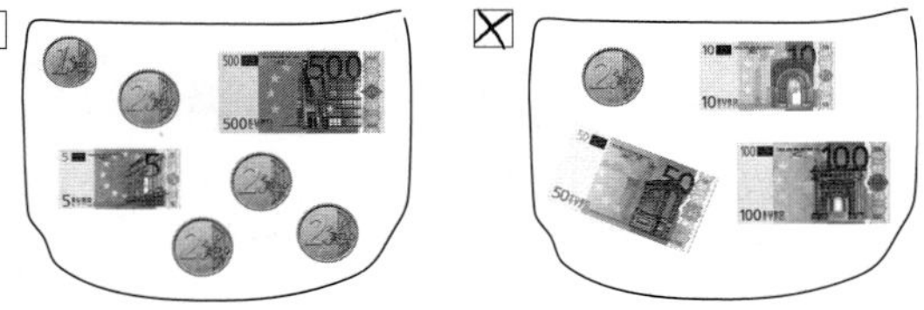

514 € | 162 €

c) ☒ ☐

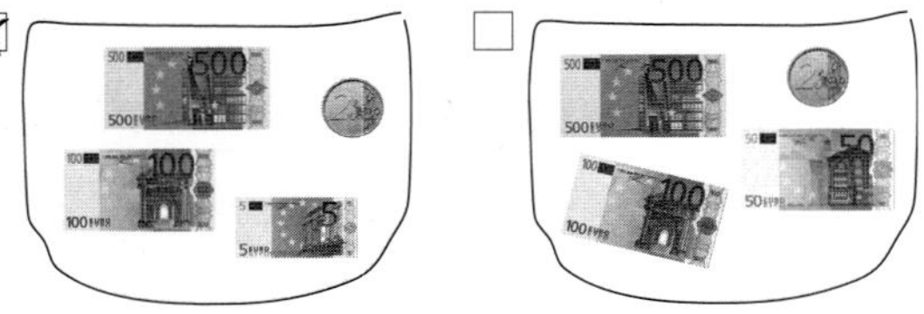

607 € | 652 €

Geldbeträge schätzen und ausrechnen I (bis 20)

1. Sieh dir die Geldbeträge kurz an.
   Schätze, wie viel Geld gespart wurde.
2. Rechne dann das Geld in Ruhe zusammen.

a) b) c)

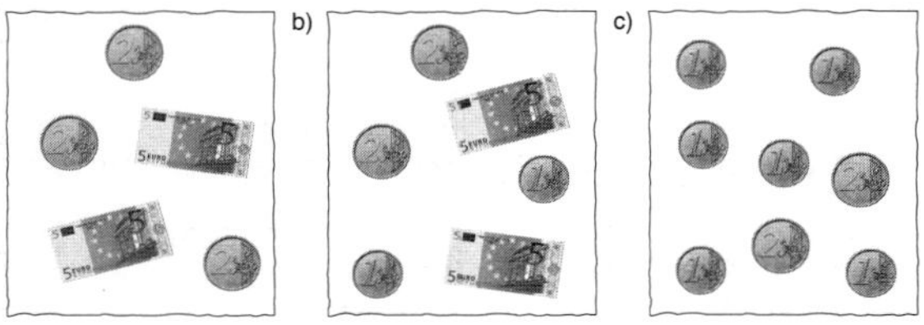

d) e) f)

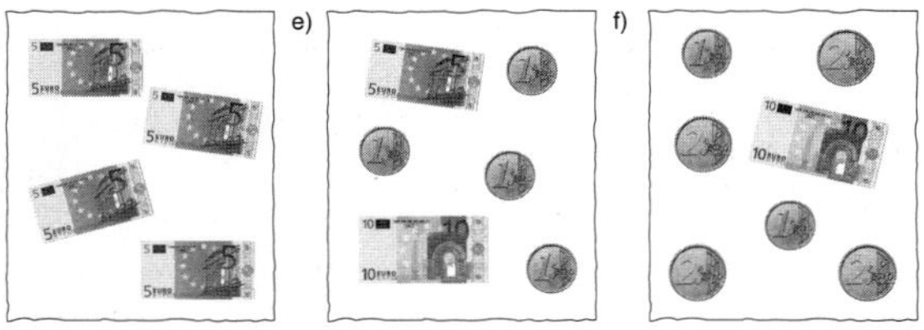

Portemonnaie	Geldbetrag *geschätzt*	Geldbetrag *ausgerechnet*
a)		16 €
b)		16 €
c)		10 €
d)		20 €
e)		19 €
f)		20 €

Geldbeträge schätzen und ausrechnen II (bis 100)

1. Sieh dir die Geldbeträge kurz an.
   Schätze, wie viel Geld gespart wurde.
2. Rechne dann das Geld in Ruhe zusammen.

a) b)

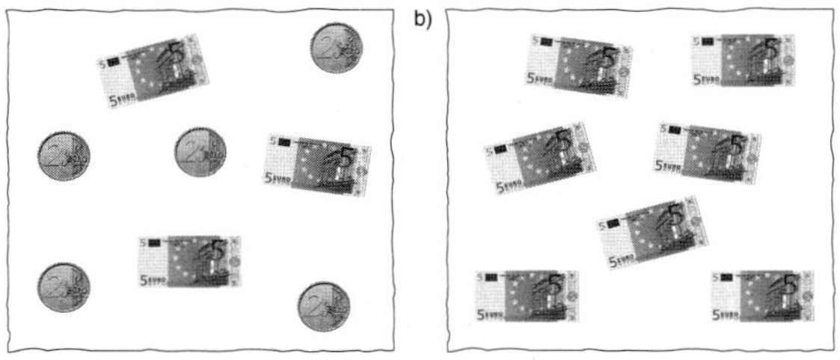

c) d)

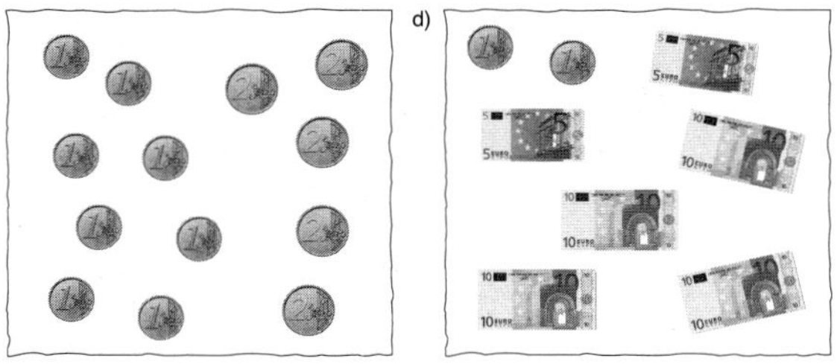

Portemonnaie	Geldbetrag *geschätzt*	Geldbetrag *ausgerechnet*
a)		25 €
b)		35 €
c)		18 €
d)		52 €

Geldbeträge schätzen und ausrechnen III (bis 100)

1. Sieh dir die Geldbeträge kurz an.
   Schätze, wie viel Geld gespart wurde.
2. Rechne dann das Geld in Ruhe zusammen.

a) 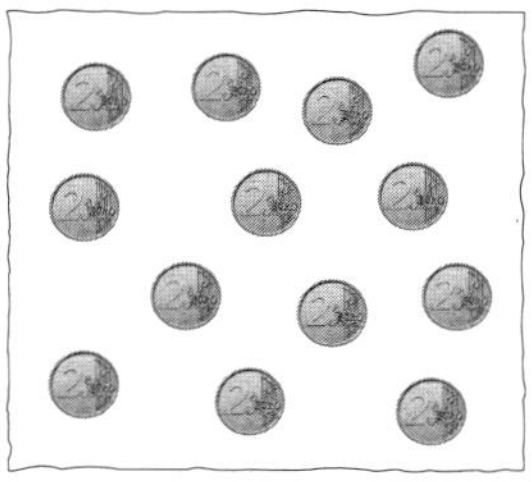
b) 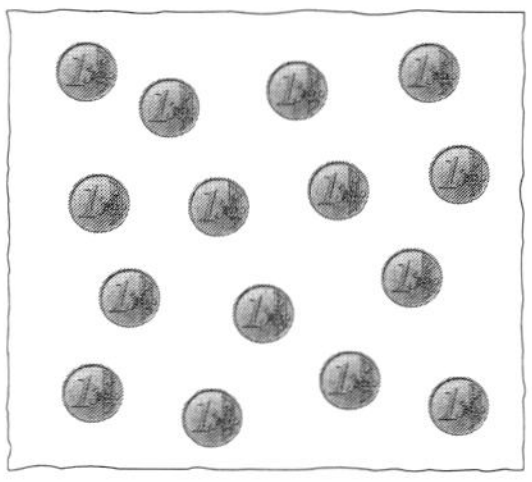
c) 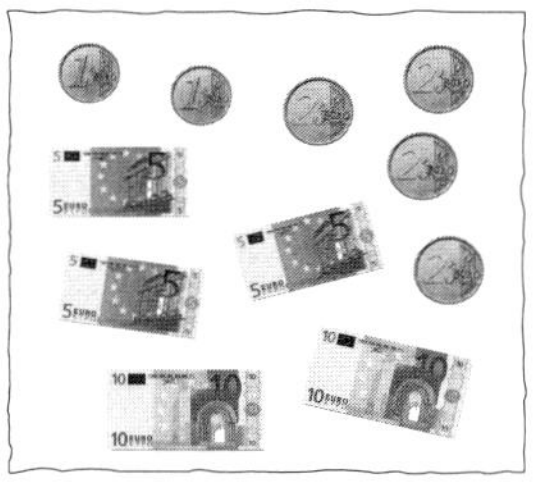
d) 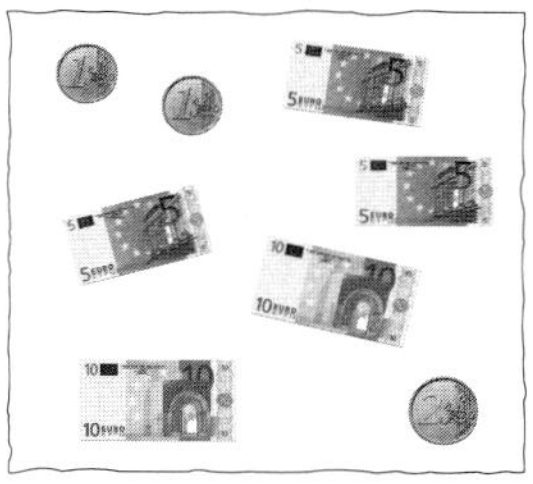

Portemonnaie	Geldbetrag *geschätzt*	Geldbetrag *ausgerechnet*
a)		*26 €*
b)		*15 €*
c)		*45 €*
d)		*39 €*

Geldbeträge schätzen und ausrechnen IV (bis 1000)

1. Sieh dir die Geldbeträge kurz an.
   Schätze, wie viel Geld gespart wurde
2. Rechne dann das Geld in Ruhe zusammen.

a) 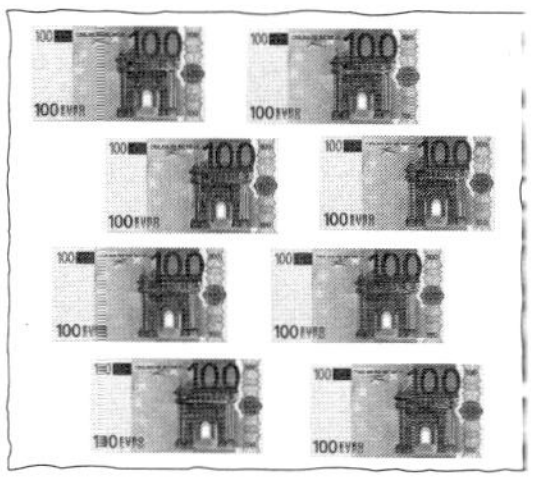
b) 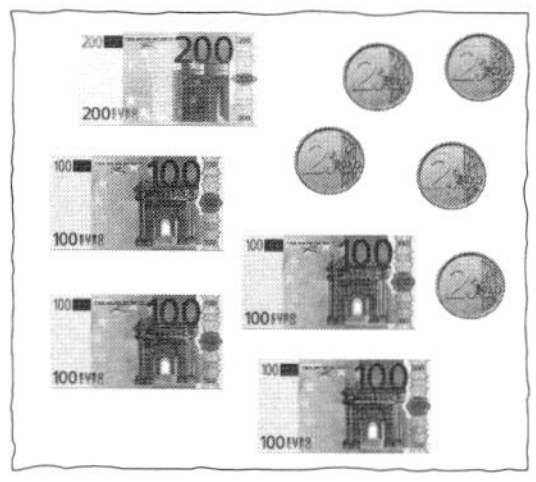
c) 
d) 

Portemonnaie	Geldbetrag *geschätzt*	Geldbetrag *ausgerechnet*
a)		*800 €*
b)		*610 €*
c)		*163 €*
d)		*563 €*

Münzen und Scheine I

Es gibt Cent-Münzen, Euro-Münzen und Euro-Scheine.
Schreibe den passenden Geldbetrag neben die Münze oder den Schein.

	= 50 Cent	= 50 ct
	*= 50 Euro*	*= 50 €*
	= 5 Euro	= 5 €
	*= 2 Cent*	*= 2 ct*
	*= 20 Cent*	*= 20 ct*
	*= 10 Cent*	*= 10 ct*
	*= 1 Euro*	*= 1 €*
	*= 100 Euro*	*= 100 €*
	*= 10 Euro*	*= 10 €*
	*= 2 Euro*	*= 2 €*
	*= 1 Cent*	*= 1 ct*
	*= 500 Euro*	*= 500 €*
	*= 20 Euro*	*= 20 €*
	*= 200 Euro*	*= 200 €*
	*= 5 Cent*	*= 5 ct*

Münzen und Scheine II

Beantworte die folgenden Fragen.
Schreibe deine Antwort möglichst in einem ganzen Satz auf.

1. Wie viele Cent-Münzen gibt es?
   Es gibt 6 Cent-Münzen.

2. Wie viele Münzen und Scheine gibt es insgesamt?
   Es gibt insgesamt 15 Münzen und Scheine.

3. Welche Farbe hat der 10-Euro-Schein?
   Der 10-Euro-Schein ist rot.

4. Mit welchem Geldschein kann man am meisten kaufen?
   Mit dem 500-Euro-Schein kann man am meisten kaufen.

5. Gibt es etwas, das man mit einer 1-Cent-Münze kaufen kann?
   Mit einer 1-Cent-Münze kann man nichts kaufen.

Rechnen bis 20 I

Wie viel *Euro* (€) sind das?
Rechne zusammen.

a)  10 Euro = 10

b)  20 Euro = 20 €

c)  16 Euro = 16 €

d)  16 Euro = 16 €

e)  12 Euro = 12 €

f)  12 Euro = 12 €

g)  18 Euro = 18 €

h)  20 Euro = 20 €

i)  14 Euro = 14 €

Heide Hildebrandt: Größen aktiv entdecken: Geld
© Persen Verlag 47

Rechnen bis 20 II

Wie viel *Cent* (ct) sind das?
Rechne zusammen.

a)  15 Cent = 15 ct

b)  16 Cent = 16 ct

c)  13 Cent = 13 ct

d)  18 Cent = 18 ct

e)  16 Cent = 16 ct

f)  19 Cent = 19 ct

g)  13 Cent = 13 ct

h)  11 Cent = 11 ct

i)  20 Cent = 20 ct

48 Heide Hildebrandt: Größen aktiv entdecken: Geld
© Persen Verlag

Rechnen bis 20 III

Du hast einen 20-Euro-Schein.
Wie viel Geld bekommst du beim Einkauf jeweils zurück?

Das bekomme ich zurück: 20 € - 12 € = 8 €

Das bekomme ich zurück: 20 € - 3 € = 17 €

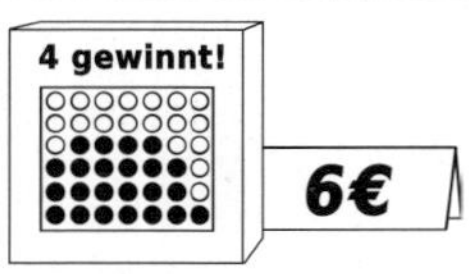

Das bekomme ich zurück: 20 € - 6 € = 14 €

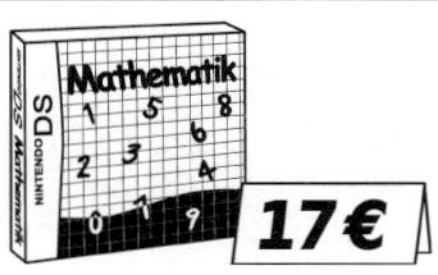

Das bekomme ich zurück: 20 € - 17 € = 3 €

Das bekomme ich zurück: 20 € - 5 € = 15 €

Heide Hildebrandt: Größen aktiv entdecken: Geld
© Persen Verlag 49

Rechnen bis 20 IV

Du kaufst neue Spielsachen.
Rechne aus, was du bezahlen musst.

Das muss ich bezahlen: 12 € + 5 € = 17 €

Das muss ich bezahlen: 17 € + 3 € = 20 €

Das muss ich bezahlen: 6 € + 5 € + 4 € = 15 €

Das muss ich bezahlen: 4 · 3 € + 4 € = 16 €

Das muss ich bezahlen: 4 · 5 € = 20 €

50 Heide Hildebrandt: Größen aktiv entdecken: Geld
© Persen Verlag

Rechnen bis 20 VII

Wie geht es weiter?

Arbeite mit einem Partner.

1. Setze die *Euro-Reihen* fort.
2. Denke dir selbst *Euro-Reihen* aus, die dein Partner weiterrechnen soll. ACHTUNG: Das Ende der Reihe soll in der Nähe der Zahl 20 liegen!
3. Überprüfe die Lösungen deines Partners.

2 €, 4 €, 6 €, 8 ct, , , , 16 €, , 20 €

5 €, 7 €, 9 €, 11 €, 13 €, , 17 €,

5 €, 8 €, 11 €, 14 €, 17 €, 20 €

53

Rechnen bis 20 VIII

Wie geht es weiter?

Arbeite mit einem Partner.

1. Setze die *Cent-Reihen* fort.
2. Denke dir selbst *Cent-Reihen* aus, die dein Partner weiterrechnen soll. ACHTUNG: Das Ende der Reihe soll in der Nähe der Zahl 20 liegen!
3. Überprüfe die Lösungen deines Partners.

1 ct, 3 ct, 5 ct, 7 ct, 9 ct, 11 ct, 13 ct, 15 ct, 17 ct, 19 ct

0 ct, 3 ct, 6 ct, 9 ct, 12 ct, 15 ct, 18 ct

2 ct, 5 ct, 8 ct, 11 ct, 14 ct, 17 ct, 20 ct

54

Rechnen bis 100 I

Wie viel *Euro* (€) sind das?
Rechne zusammen.

a)  56 Euro = 56 €

b) 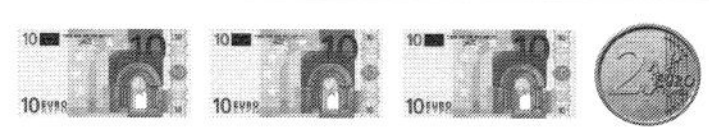 32 Euro = 32 €

c)  72 Euro = 72 €

d)  46 Euro = 46 €

e)  60 Euro = 60 €

f) 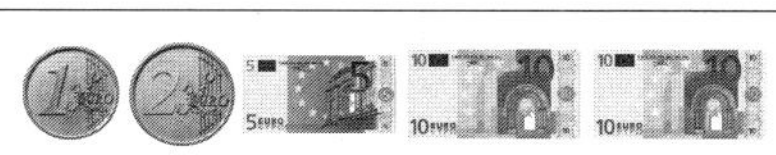 28 Euro = 28 €

g)  82 Euro = 82 €

h) 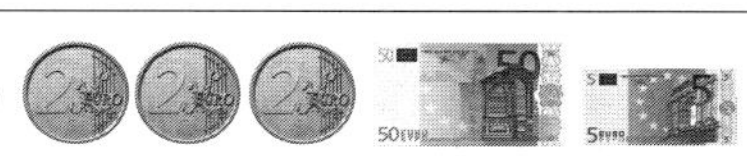 61 Euro = 61 €

i)  100 Euro = 100 €

55

Rechnen bis 100 II

Wie viel *Cent* (ct) sind das?
Rechne zusammen.

a)  75 Cent = 75 ct

b)  34 Cent = 34 ct

c)  66 Cent = 66 ct

d)  100 Cent = 100 ct

e)  75 Cent = 75 ct

f)  56 Cent = 56 ct

g)  93 Cent = 93 ct

h)  62 Cent = 62 ct

i)  100 Cent = 100 ct

56

Rechnen bis 100 III

Du hast einen 100-Euro-Schein.
Wie viel Geld bekommst du beim Einkauf jeweils zurück?

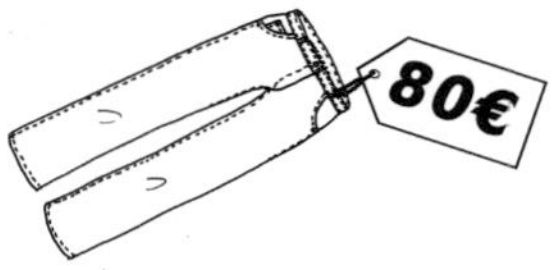

Das bekomme ich zurück:
100 € - 80 € = 20 €

Das bekomme ich zurück:
100 € - 25 € = 75 €

Das bekomme ich zurück:
100 € - 56 € = 44 €

Das bekomme ich zurück:
100 € - 79 € = 21 €

Das bekomme ich zurück:
100 € - 10 € = 90 €

Rechnen bis 100 IV

Du kaufst neue Kleidung.
Rechne aus, was du bezahlen musst.

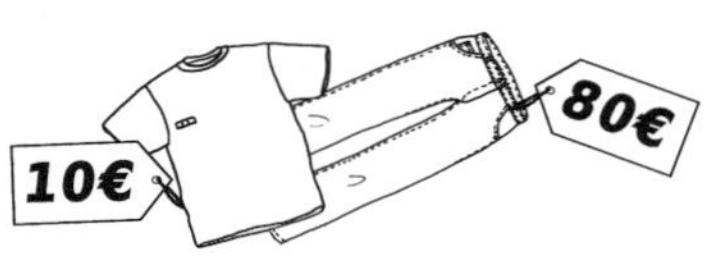

Das muss ich bezahlen:
10 € + 80 € = 90 €

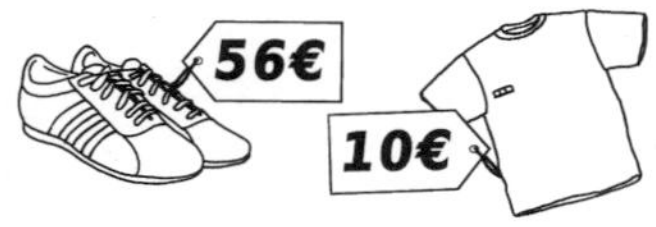

Das muss ich bezahlen:
56 € + 10 € = 66 €

Das muss ich bezahlen:
79 € + 6 € = 85 €

Das muss ich bezahlen:
15 € + 26 € = 41 €

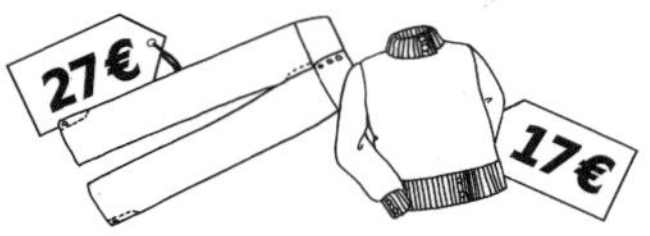

Das muss ich bezahlen:
27 € + 17 € = 44 €

Rechnen bis 100 VII

Wie geht es weiter?

Arbeite mit einem Partner.

1. **Setze die *Euro-Reihen* fort.**
2. **Denke dir selbst *Euro-Reihen* aus, die dein Partner weiterrechnen soll. ACHTUNG: Das Ende der Reihe soll in der Nähe der Zahl 100 liegen!**
3. **Überprüfe die Lösungen deines Partners.**

12 €,	**15 €**,	**18 €**,	**21 €**,	*24 €*,	*27 €*,
30 €,	*33 €*,	*36 €*,	*39 €*,	*42 €*,	*45 €*
20 €,	**25 €**,	**30 €**,	**35 €**,	*40 €*,	*45 €*,
50 €,	*55 €*,	*60 €*,	*65 €*,	*70 €*,	*75 €*
52 €,	**54 €**,	**56 €**,	**58 €**,	*60 €*,	*62 €*,
64 €,	*66 €*,	*68 €*,	*70 €*,	*72 €*,	*74 €*
,	,	,	,	,	,
,	,	,	,	,	
,	,	,	,	,	,
,	,	,	,	,	
,	,	,	,	,	,
,	,	,	,	,	

Rechnen bis 100 VIII

Wie geht es weiter?

Arbeite mit einem Partner.

1. **Setze die *Cent-Reihen* fort.**
2. **Denke dir selbst *Cent-Reihen* aus, die dein Partner weiterrechnen soll. ACHTUNG: Das Ende der Reihe soll in der Nähe der Zahl 100 liegen!**
3. **Überprüfe die Lösungen deines Partners.**

14 ct,	**18 ct**,	**22 ct**,	**26 ct**,	*30 ct*,	*34 ct*,
38 ct,	*42 ct*,	*46 ct*,	*50 ct*,	*54 ct*,	*58 ct*
31 ct,	**33 ct**,	**35 ct**,	**37 ct**,	*39 ct*,	*41 ct*,
43 ct,	*45 ct*,	*47 ct*,	*49 ct*,	*51 ct*,	*53 ct*
1 ct,	**8 ct**,	**15 ct**,	**22 ct**,	*29 ct*,	*36 ct*,
43 ct,	*50 ct*,	*57 ct*,	*64 ct*,	*51 ct*,	*58 ct*
,	,	,	,	,	,
,	,	,	,	,	
,	,	,	,	,	,
,	,	,	,	,	
,	,	,	,	,	,
,	,	,	,	,	

Umrechnen I

Rechne um.

Beispiel	
150 ct	= 1 € + 50 ct
50 ct	= 0 € + 50 ct

ct	€ +	ct
200 ct	= 2 € +	0 ct
100 ct	= 1 € +	0 ct
250 ct	= 2 € +	50 ct
300 ct	= 3 € +	0 ct
10 ct	= 0 € +	10 ct
25 ct	= 0 € +	25 ct
46 ct	= 0 € +	46 ct
290 ct	= 2 € +	90 ct
199 ct	= 1 € +	99 ct
500 ct	= 5 € +	0 ct
551 ct	= 5 € +	51 ct
515 ct	= 5 € +	15 ct
590 ct	= 5 € +	90 ct
59 ct	= 0 € +	59 ct
5 ct	= 0 € +	5 ct
1000 ct	= 10 € +	0 ct

Heide Hildebrandt: Größen aktiv entdecken: Geld
© Persen Verlag
65

Umrechnen II

Verbinde die passenden Beträge.

Beispiel	
120 ct	2 € + 60 ct
260 ct	1 € + 20 ct

ct	€ + ct
100 ct	1 € + 15 ct
110 ct	1 € + 99 ct
101 ct	6 € + 0 ct
150 ct	1 € + 0 ct
115 ct	3 € + 40 ct
199 ct	1 € + 1 ct
299 ct	1 € + 50 ct
99 ct	0 € + 99 ct
990 ct	2 € + 99 ct
909 ct	0 € + 35 ct
600 ct	9 € + 90 ct
340 ct	0 € + 1 ct
500 ct	9 € + 9 ct
5 ct	5 € + 0 ct
35 ct	1 € + 10 ct
1 ct	0 € + 5 ct

66
Heide Hildebrandt: Größen aktiv entdecken: Geld
© Persen Verlag

Umrechnen III

1. Rechne um.

ct	€ +	ct
50 ct	= 0 € +	50 ct
100 ct	= 1 € +	0 ct
150 ct	= 1 € +	50 ct
200 ct	= 2 € +	0 ct
250 ct	= 2 € +	50 ct
300 ct	= 3 € +	0 ct
350 ct	= 3 € +	50 ct

2. Wie geht es weiter? Setze die Reihe fort.

400 ct	= 4 € +	0 ct
450 ct	= 4 € +	50 ct
500 ct	= 5 € +	0 ct
550 ct	= 5 € +	50 ct
600 ct	= 6 € +	0 ct
650 ct	= 6 € +	50 ct
700 ct	= 7 € +	0 ct

Heide Hildebrandt: Größen aktiv entdecken: Geld
© Persen Verlag
67

Umrechnen IV

1. Rechne um.

ct	€
225 ct	= 2 , 25 €
275 ct	= 2 , 75 €
325 ct	= 3 , 25 €
375 ct	= 3 , 75 €
425 ct	= 4 , 25 €
475 ct	= 4 , 75 €
525 ct	= 5 , 25 €

2. Wie geht es weiter? Setze die Reihe fort.

575 ct	= 5 , 75 €
625 ct	= 6 , 25 €
675 ct	= 6 , 75 €
725 ct	= 7 , 25 €
775 ct	= 7 , 75 €
825 ct	= 8 , 25 €
875 ct	= 8 , 75 €

68
Heide Hildebrandt: Größen aktiv entdecken: Geld
© Persen Verlag

Immer 10 Euro

Ergänze so, dass die Lösung immer 10 € ist.
Lege dabei einige Aufgaben mit Geld.

TIPP: Es hilft dir, Cent in Euro umzuwandeln.
Beispiel: 500 ct = 5 €

500 ct + 500 ct	= 10 €
100 ct + 900 ct	= 10 €
300 ct + 700 ct	= 10 €
800 ct + 200 ct	= 10 €
900 ct + 100 ct	= 10 €
150 ct + 850 ct	= 10 €
250 ct + 750 ct	= 10 €
10 € + 0 €	= 10 €
5 € + 5 €	= 10 €
1 € + 50 ct + 8 € + 50 ct	= 10 €
3 € + 50 ct + 6 € + 50 ct	= 10 €
5 € + 50 ct + 4 € + 50 ct	= 10 €
5 € + 90 ct + 4 € + 10 ct	= 10 €
6 € + 10 ct + 3 € + 90 ct	= 10 €

Auf dem Stadtfest IV

Fabian, Ben, Emilie und Nadine gehen auf das Stadtfest.
1. Sieh dir genau an, was die vier Freunde auf dem Stadtfest machen.
2. Lege die Aufgaben mit Geld nach.
3. Trage die Lösungen in die Tabellen ein.

Fabian:

Tätigkeit	Preis	bezahlt mit	Wechselgeld
4 Lose kaufen	1 € + 50 ct		3 € + 50 ct
1 DVD kaufen	6 €		14 €
1 Würstchen und 1 Portion Pommes essen	2,25 € + 3,50 € = 5,75 €		4,25 €

Ben:

Tätigkeit	Preis	bezahlt mit	Wechselgeld
6 Mal schießen an dem Schießstand	1 € + 50 ct + 50 ct = 2 €		0 €
1 Musik-CD kaufen	6,55 €		0,45 €
2 Mal Achterbahn fahren	3,50 € + 3,50 € = 7 €		3 €

Auf dem Stadtfest V

Fabian, Ben, Emilie und Nadine gehen auf das Stadtfest.
1. Sieh dir genau an, was die vier Freunde auf dem Stadtfest machen.
2. Lege die Aufgaben mit Geld nach.
3. Trage die Lösungen in die Tabellen ein.

Emilie:

Tätigkeit	Preis	bezahlt mit	Wechselgeld
2 Ringe kaufen	10 € + 10 € = 20 €		30 €
1 Mal Achterbahn fahren	3,50 €		16,50 €
1 großen Luftballon kaufen	2 € + 50 ct		1 € + 50 ct

Nadine:

Tätigkeit	Preis	bezahlt mit	Wechselgeld
1 Los kaufen	50 ct		50 ct
1 Armband und 1 Kette kaufen	2,45 € + 10,30 € = 12,75 €		37,25 €
1 Portion Pommes essen	3,50 €		1,50 €

Geldbeträge schreiben und vergleichen I

1. Zähle das Geld in den Portemonnaies zusammen.
Notiere den Betrag.

2. Mit welchem Geld kannst du *mehr* kaufen?
Kreuze an.

a) ☐ 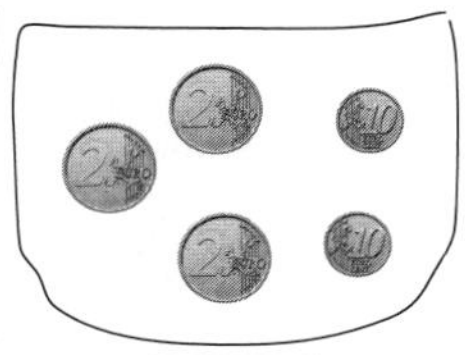 6,20 € ☒ 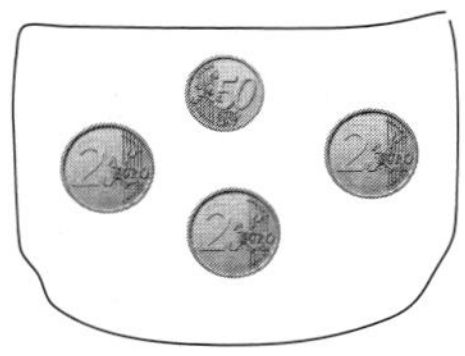 6,50 €

b) ☐ 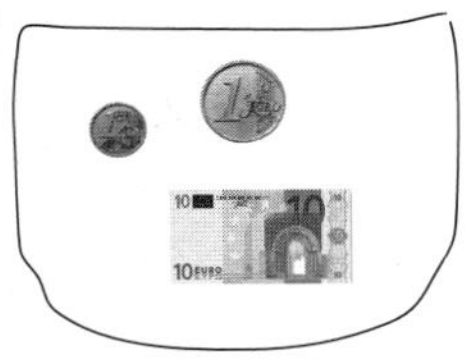 11,01 € ☒ 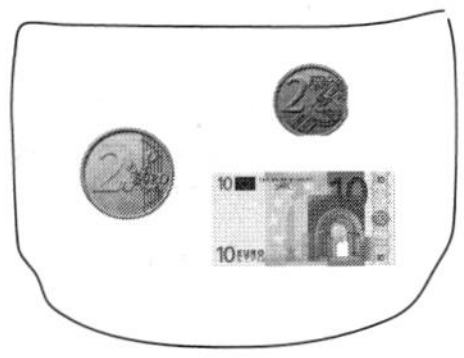 12,20 €

c) ☒ 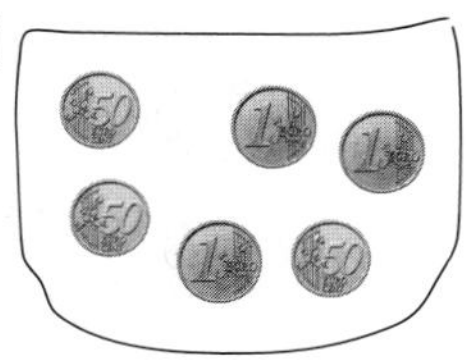 4,50 € ☐  3,50 €

Lösungen

Geldbeträge schreiben und vergleichen II

1. **Zähle das Geld in den Portemonnaies zusammen. Notiere den Betrag.**
2. **Mit welchem Geld kannst du *weniger* kaufen? Kreuze an.**

a) [x]
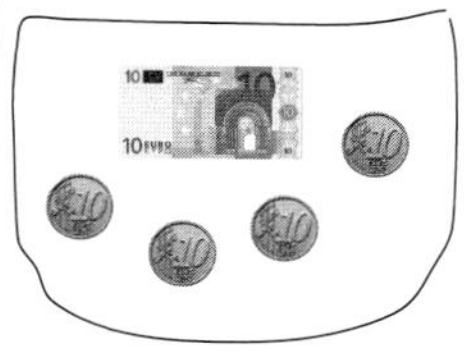
10,40 €

[ ]
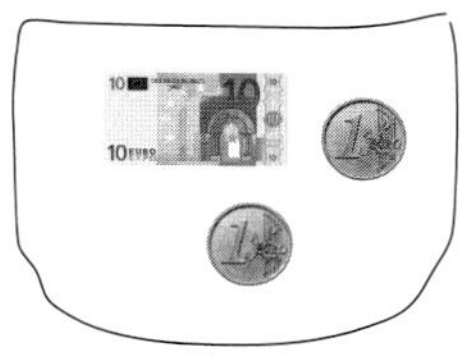
12,00 €

b) [ ]
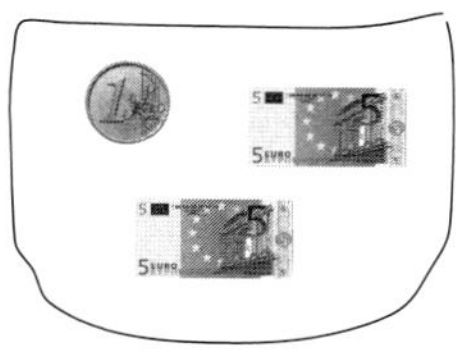
11,00 €

[x]
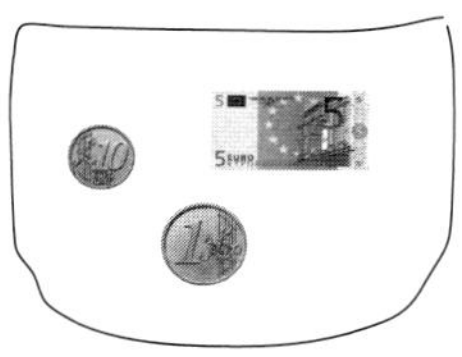
6,10 €

c) [ ]
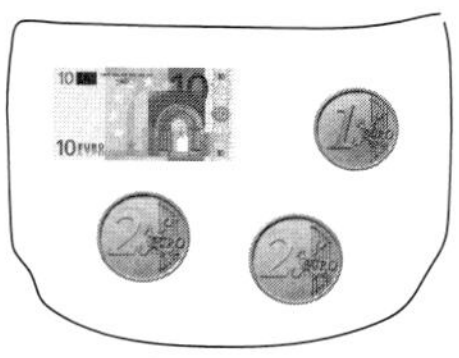
15,00 €

[x]

6,30 €

Geldbeträge schreiben und vergleichen III

1. **Zähle das Geld in den Portemonnaies zusammen. Notiere den Betrag.**
2. **Mit welchem Geld kannst du *mehr* kaufen? Kreuze an.**

a) [x]

2,82 €

[ ]
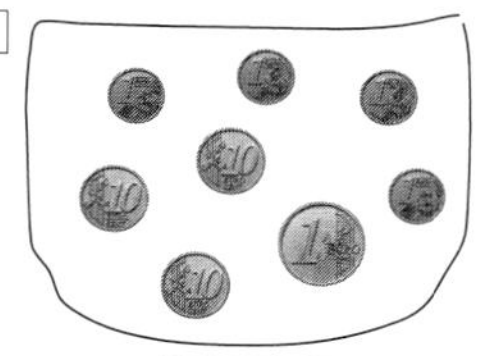
1,34 €

b) [ ]
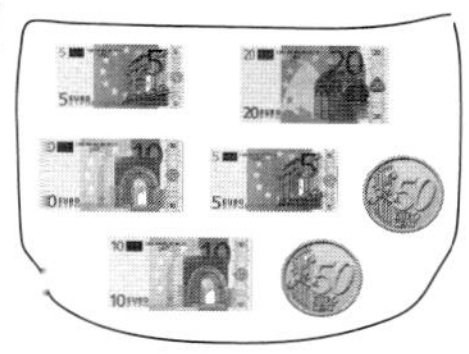
51,00 €

[x]
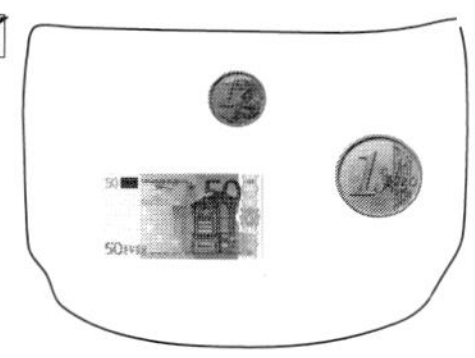
51,01 €

c) [x]
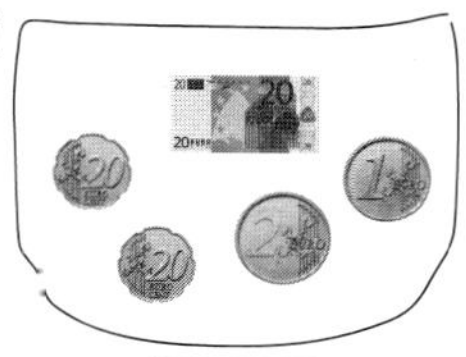
23,40 €

[ ]
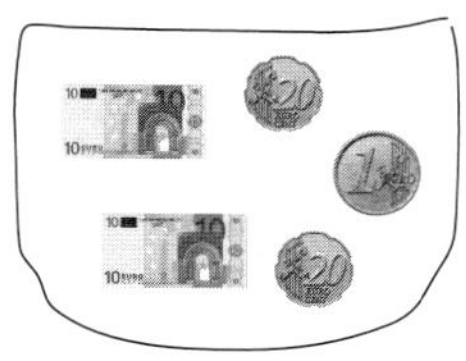
21,40 €

Geldbeträge schreiben und vergleichen IV

1. **Zähle das Geld in den Portemonnaies zusammen. Notiere den Betrag.**
2. **Mit welchem Geld kannst du *weniger* kaufen? Kreuze an.**

a) [x]
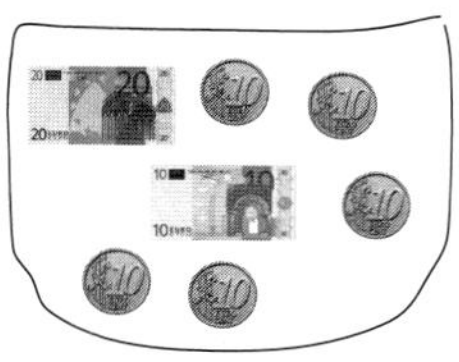
30,50 €

[ ]
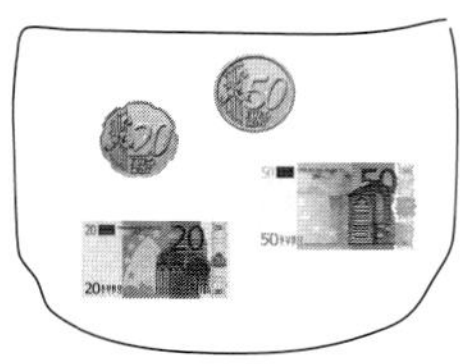
70,70 €

b) [x]
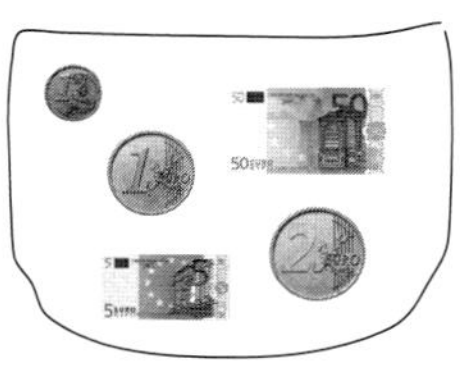
58,01 €

[ ]
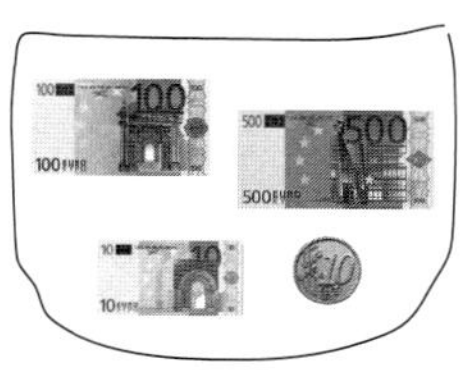
610,10 €

c) [ ]
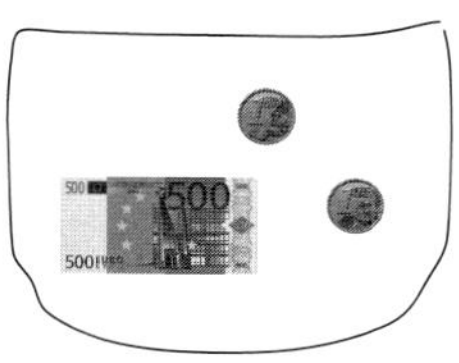
500,02 €

[x]
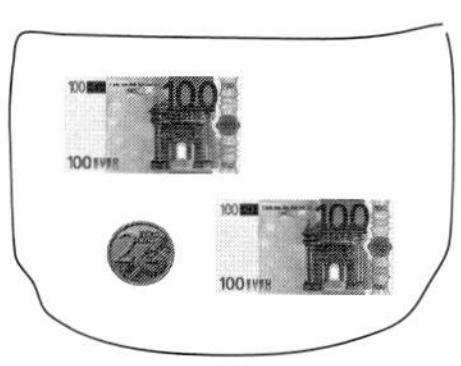
200,02 €

Rechnen bis 1000 I

Wie viel *Euro* (€) sind das? Rechne zusammen.

a)		450 Euro = 450 €
b)	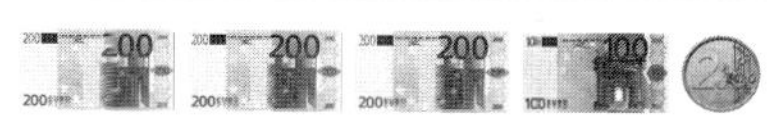	702 Euro = 702 €
c)	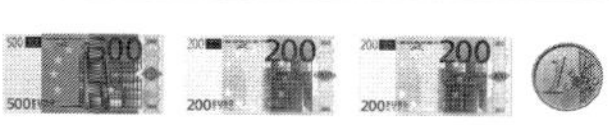	901 Euro = 901 €
d)	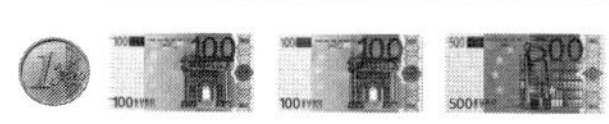	701 Euro = 701 €
e)		141 Euro = 141 €
f)		1000 Euro = 1000 €
g)		408 Euro = 408 €
h)		625 Euro = 625 €
i)	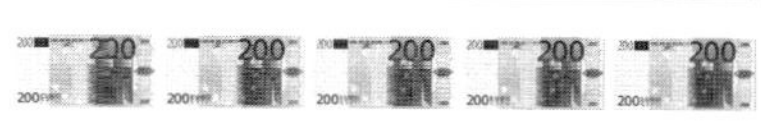	1000 Euro = 1000 €

Rechnen bis 1000 II

Wie viel *Cent* (ct) sind das?
Rechne zusammen.

a)  175 Cent = 175 ct

b)  230 Cent = 230 ct

c)  116 Cent = 116 ct

d)  252 Cent = 252 ct

e)  125 Cent = 125 ct

f)  91 Cent = 91 ct

g)  141 Cent = 141 ct

h)  162 Cent = 162 ct

i)  120 Cent = 120 ct

Rechnen bis 1000 III

Du hast einen 500-Euro-Schein.
Wie viel Geld bekommst du beim Möbelkauf jeweils zurück?

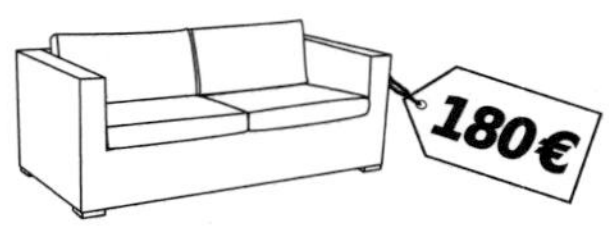

Das bekomme ich zurück: 500 € - 180 € = 320 €

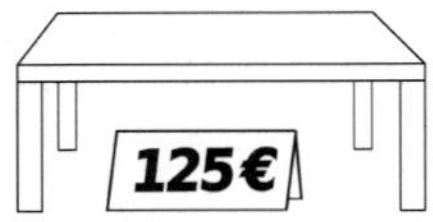

Das bekomme ich zurück: 500 € - 125 € = 375 €

Das bekomme ich zurück: 500 € - 350 € = 150 €

Das bekomme ich zurück: 500 € - 34 € = 466 €

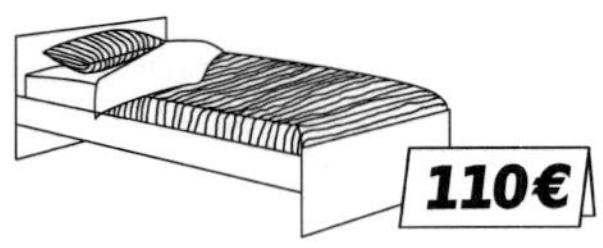

Das bekomme ich zurück: 500 € - 110 € = 390 €

Rechnen bis 1000 IV

Du kaufst neue Möbel.
Rechne aus, was du bezahlen musst.

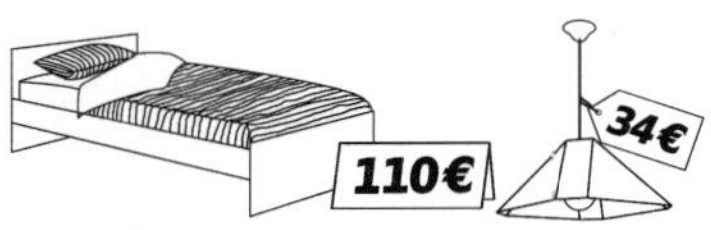

Das muss ich bezahlen: 110 € + 34 € = 144 €

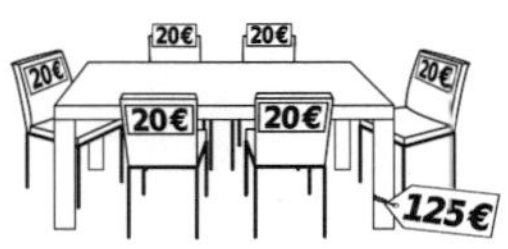

Das muss ich bezahlen: 6 · 20 € + 125 € = 245 €

Das muss ich bezahlen: 350 € + 218 € = 568 €

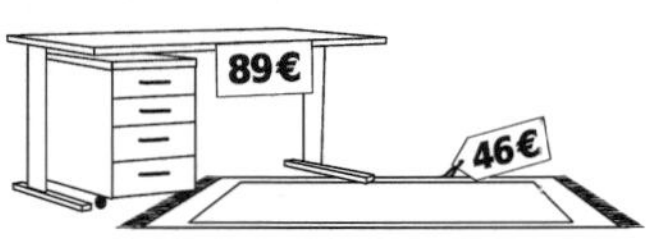

Das muss ich bezahlen: 89 € + 46 € = 135 €

Das muss ich bezahlen: 25 € + 65 € + 45 € = 135 €

Rechnen bis 1000 VII

Wie geht es weiter?

Arbeite mit einem Partner.

1. **Setze die *Euro-Reihen* fort.**
2. **Denke dir selbst *Euro-Reihen* aus, die dein Partner weiterrechnen soll.**
   ACHTUNG: Das Ende der Reihe muss kleiner oder gleich 1000 sein!
3. **Überprüfe die Lösungen deines Partners.**

154 €,	**159 €**,	**164 €**,	**169 €**,	174 €,	179 €,
184 €,	189 €,	194 €,	199 €,	204 €,	209 €
200 €,	**230 €**,	**260 €**,	**290 €**,	320 €,	350 €,
380 €,	410 €,	440 €,	470 €,	500 €,	530 €
401 €,	**411 €**,	**421 €**,	**431 €**,	441 €,	451 €,
461 €,	471 €,	481 €,	491 €,	501 €,	511 €
,	,	,	,	,	,
,	,	,	,	,	
,	,	,	,	,	,
,	,	,	,	,	
,	,	,	,	,	,
,	,	,	,	,	

Rechnen bis 1000 VIII

Wie geht es weiter?

Arbeite mit einem Partner.

1. Setze die *Cent-Reihen* fort.
2. Denke dir selbst *Cent-Reihen* aus, die dein Partner weiterrechnen soll. ACHTUNG: Das Ende der Reihe muss kleiner oder gleich 1000 sein!
3. Überprüfe die Lösungen deines Partners.

450 ct,	**500 ct**,	**550 ct**,	**600 ct**,	*650 ct*,	*700 ct*,
750 ct,	*800 ct*,	*850 ct*,	*900 ct*,	*950 ct*,	*1000 ct*

99 ct,	**101 ct**,	**103 ct**,	**105 ct**,	*107 ct*,	*109 ct*,
111 ct,	*113 ct*,	*115 ct*,	*117 ct*,	*119 ct*,	*121 ct*

660 ct,	**680 ct**,	**700 ct**,	**720 ct**,	*740 ct*,	*760 ct*,
780 ct,	*800 ct*,	*820 ct*,	*840 ct*,	*860 ct*,	*880 ct*

,	,	,	,	,	,
,	,	,	,	,	

,	,	,	,	,	,
,	,	,	,	,	

,	,	,	,	,	,
,	,	,	,	,	

Heide Hildebrandt: Größen aktiv entdecken: Geld
© Persen Verlag 95